Untersuchungen

über den

Säuregrad des Weines auf Grund der neueren Theorien der Lösungen.

Von

Prof. Dr. Theodor Paul, und **Dr. Adolf Günther,**
früherem Direktor Regierungsrat

im Kaiserlichen Gesundheitsamte.

---

2. Abhandlung:
Der Säuregrad verschiedener deutscher Weine und seine Beeinflussung durch Zusatz von Wasser und von Salzen.

Mit 1 Tafel.

Sonderabdruck aus
„Arbeiten aus dem Kaiserlichen Gesundheitsamte", Band XXIX, Heft 1.

Berlin.
Verlag von Julius Springer.
1908.

Inhaltsverzeichnis.

I. **Allgemeines.** 1. Untersuchungsplan. — 2. Versuchsanordnung zur Bestimmung des Säuregrades des Weines nach der Zuckerinversionsmethode. — II. **Bestimmung des Säuregrades von Weinen aus verschiedenen deutschen Weinbaugebieten.** — 3. Allgemeine Beziehungen zwischen dem Säuregrad der Weine und ihrem Gehalte an freier Säure. — 4. Vergleich des Säuregrades der Weine mit ihrer chemischen Zusammensetzung. — 5. Vergleich des Säuregrades von Weinen mit ihrer chemischen Zusammensetzung zu verschiedenen Zeitpunkten ihrer Entwicklung. — III. **Bestimmung des Einflusses eines Zusatzes von Wasser und von Salzen und Säuren auf den Säuregrad des Weines.** — 6. Allgemeines über den Einfluß der Verdünnung und über die gegenseitige Beeinflussung gelöster Stoffe in bezug auf ihre elektrolytische Dissoziation. Rückdrängung der Dissoziation. — 7. Verminderung des Säuregrades einer wässerigen Lösung von Essigsäure durch steigenden Zusatz von Natriumacetat. — 8. Rückdrängung der elektrolytischen Dissoziation von Säuren durch Säuren in wässeriger Lösung. Gegenseitige Rückdrängung der Essigsäure und Milchsäure, sowie der Essigsäure und Weinsäure. — 9. Rückdrängung der elektrolytischen Dissoziation der zweibasischen Weinsäure durch ihre sauren Salze (Natriumbitartrat.). — 10. Die geringe Abnahme des Säuregrades des Weines bei zunehmender Verdünnung mit Wasser. — 11. Der Einfluß des Zusatzes organischer Salze auf den Säuregrad des Weines. — 12. Der Einfluß des Zusatzes und des Abscheidens von Weinstein auf den Säuregrad des Weines. — 13. Der Einfluß des Zusatzes von Salzsäure auf den Säuregrad des Weines. — IV. **Schlußsätze.**

Die Abfassung dieser Abhandlung erfolgte in Anlehnung an einen Vortrag, welcher von Th. Paul auf der XII. Hauptversammlung der Deutschen Bunsengesellschaft für angewandte physikalische Chemie zu Karlsruhe am 2. Juni 1905 gehalten wurde.

ISBN-13: 978-3-642-47259-6   e-ISBN-13: 978-3-642-47660-0
DOI: 10.1007/978-3-642-47660-0

I. Allgemeines.

1. Untersuchungsplan.

In der im 1. Heft des XXIII. Bandes dieser „Arbeiten" erschienenen ersten Abhandlung: „Theoretische Betrachtungen über den Säuregrad des Weines und die Methoden zu seiner Bestimmung" haben wir ausführlich dargelegt, daß die bisherigen Methoden zur Bestimmung der „freien Säure" im Weine für deren Charakterisierung unzureichend sind, und daß der Säuregrad des Weines, der identisch mit der Konzentration der darin enthaltenen Wasserstoffionen (H-Ionen) ist, nur nach einem Verfahren bestimmt werden kann, durch welches das chemische Gleichgewicht im Wein nicht verändert wird. Die von uns ausgearbeitete Methode, den Säuregrad des Weines durch Rohrzuckerinversion bei $+76^0$ zu bestimmen, empfiehlt sich besonders wegen ihrer leichten Ausführbarkeit und kurzen Zeitdauer. Die damit erhaltenen Werte stimmten ferner befriedigend mit den Ergebnissen überein, welche nach der davon ganz unabhängigen Methode der Essigesterkatalyse erhalten wurden. Nachdem wir uns auf diese Weise von der Anwendbarkeit der Zuckerinversionsmethode überzeugt hatten, gingen wir zunächst dazu über, den Säuregrad von Weinen aus verschiedenen deutschen Weinbaugebieten festzustellen, deren Gehalt an „freier Säure" nach der im Deutschen Reiche zurzeit geltenden amtlichen Vorschrift durch Titration bestimmt worden war, und deren chemische Zusammensetzung zum Teil auch noch eingehender ermittelt wurde. Von diesen Untersuchungen war Aufschluß darüber zu erwarten, innerhalb welcher Grenzen sich der Säuregrad der deutschen Weißweine bewegt, und fernerhin boten sie die Möglichkeit, allgemeine Beziehungen zwischen dem titrimetrisch festgestellten Säuregehalt sowie den Ergebnissen der chemischen Analyse einerseits und dem Säuregrad der Weine anderseits aufzufinden. Dann gingen wir dazu über, den Säuregrad verschiedener Weine während ihrer Entwicklung zu bestimmen und die bei den einzelnen Abstichen erhaltenen Werte mit denen der chemischen Analyse zu vergleichen. Ferner stellten wir auf Grund der modernen Theorien der Lösungen Versuche mit den im Weine vorkommenden Stoffen zunächst in rein wässeriger Lösung an und versuchten, die Ergebnisse dieser Untersuchungen zur Aufklärung der chemischen Konstitution des Weines anzuwenden.

2. Versuchsanordnung zur Bestimmung des Säuregrades des Weines nach der Zuckerinversionsmethode.

Bevor wir zu einer Besprechung des ersten Teiles dieser Untersuchungen übergehen, wollen wir kurz nochmals die von uns hierfür benutzte endgültige Versuchsanordnung der Zuckerinversionsmethode beschreiben, wobei wir betreffs der Einzelheiten und Apparate auf die eingangs erwähnte ausführliche Abhandlung verweisen.

Zur Abtötung der im Wein enthaltenen fermentartigen invertierenden Stoffe, deren Gegenwart den regelmäßigen Verlauf der Zuckerinversion durch die Wasserstoffionen des Weines stören würde, füllt man einen ungefähr 250 ccm fassenden Erlenmeyerkolben aus Jenaer Geräteglas mit dem zu prüfenden Weine bis zum Halse an, setzt einen gut schließenden, von einem ungefähr 4 cm langen Kapillarrohre durchsetzten Gummistopfen auf und befestigt den Stopfen mittels eines Fadens am äußeren

Rande des Kolbens, um eine Lockerung des Stopfens beim Erwärmen zu verhindern. Hiernach bringt man den Kolben in einen passenden Gefäßhalter und setzt ihn in den bis zur gleich bleibenden Temperatur von ungefähr $+76^0$ angeheizten Thermostaten. Das Wasser des Thermostaten muß den Kolben bis dicht an den oberen Rand umspülen. Unter diesen Umständen nimmt der Inhalt des Gefäßes sehr schnell die Temperatur des Thermostaten an, so daß die störenden invertierenden Stoffe in der Regel nach einem 30 Minuten langen Verweilen im Thermostaten abgetötet sind[1]). Hierauf wird der Kolben in einem Gefäß mit kaltem Wasser auf Zimmertemperatur abgekühlt.

Von dem so vorbereiteten Weine wird die Polarisation bestimmt, und die beobachtete Drehung bei der Berechnung des Endzustandes der später vorzunehmenden Zuckerinversion berücksichtigt. Es empfiehlt sich, den Wein vor dem Polarisieren zu filtrieren, was am besten in der Weise geschieht, daß man die Flüssigkeit durch ein kleines Faltenfilterchen direkt in das Polarisationsrohr filtriert, nachdem die ersten Anteile des Filtrates zum Ausspülen des Rohres benutzt wurden. Für die Bestimmung der optischen Drehung genügt jeder gute Polarisationsapparat. Wir bedienten uns bei unseren Versuchen teils eines Laurentschen Halbschattenapparates, teils eines Lippichschen Polarisationsapparates, welcher die Ablesung eines $^1/_{100}$ Grades ermöglichte. Die Polarisation der von uns untersuchten Weißweine bot bei Benutzung eines 10 cm langen Rohres keinerlei Schwierigkeiten. Die nach längerem Erhitzen auf $+76^0$ auftretende Dunkelfärbung erschwert zwar die Beobachtung etwas, doch erhält man bei einiger Übung hinreichend genaue Zahlenwerte. Nötigenfalls kann man den Wein unmittelbar vor der Polarisation mit Wasser verdünnen. Es genügt, die optischen Messungen bei ungefähr gleichbleibender Zimmertemperatur vorzunehmen, doch ist es zu empfehlen, die jeweilige Temperatur an einem am Apparat befestigten Thermometer abzulesen und zu notieren.

Zur Ausführung des eigentlichen Inversionsversuches bringt man 10 g reinen ungeblauten Hutzucker in ein Maßkölbchen von 100 ccm Inhalt, löst den Zucker zunächst in einer geringen Menge des von störenden invertierenden Stoffen durch Erhitzung befreiten Weines und füllt schließlich mit dem gleichen Weine bis zur Marke auf. Von dieser Rohrzuckerlösung wird wiederum die optische Drehung bestimmt und die Lösung in ein Erlenmeyersches Kölbchen von ungefähr 250 ccm Inhalt gefüllt. Der mittels eines Fadens am Flaschenrande gut befestigte Gummistopfen ist neben der oben erwähnten Kapillare noch von einem Glasrohr von 5 cm Länge und 0,6 bis 0,7 cm lichter Weite durchbohrt, durch welches mit Hilfe einer Pipette Proben der Lösung entnommen werden können, ohne daß man nötig hat, den Gummistopfen zu entfernen. Während des Versuches wird dieses Rohr mit einem

---

[1]) Bei den von uns zuletzt untersuchten Weinen wurde die Abtötung der invertierenden Stoffe durch einhalbstündiges Erhitzen des Weines in einem Wasserbade von ungefähr $+90^0$ ausgeführt. Dies geschah, um das Verfahren auch der Untersuchung von Traubensäften anzupassen, in denen wir Invertasen auffanden, die gegen Erhitzen außerordentlich widerstandsfähig waren, so daß sie erst durch halbstündiges Erhitzen der Moste auf $+90^0$ mit Sicherheit unwirksam gemacht werden konnten. Es wurden daher Moste und Weine in der geschilderten Weise behandelt, im übrigen wurde wie sonst verfahren.

kleinen gut schließenden Korkstopfen verschlossen gehalten. Das so vorbereitete Kölbchen wird nun in den Gefäßhalter gespannt und in den bis zur gleichbleibenden Siedetemperatur des Tetrachlorkohlenstoffs erhitzten Thermostaten gesetzt. Die Temparatur des Thermostaten wird auf $^1/_{10}$ Grad genau abgelesen. Auch ist es zweckmäßig, den Barometerstand zu notieren. Die Zeit des Inversionsvorganges wird von dem Zeitpunkte des Einbringens des Kölbchens in den Thermostaten ab gezählt. Die erste Polarisation wird erst nach Verlauf von 100 Minuten vorgenommen. In welchen Zeiträumen die weiteren Beobachtungen vorgenommen und wie lange sie fortgesetzt werden müssen, darüber geben die nach den ersten Entnahmen auszuführenden Berechnungen der Inversionskonstanten, über welche Näheres in der ersten Abhandlung enthalten ist, Aufschluß. Bei unseren Versuchen betrug der Zeitraum zwischen den einzelnen Entnahmen ungefähr 30 Minuten und die Dauer des ganzen Versuches etwa 3 Stunden. Über die Berechnung des Säuregrades (der Wasserstoffionen-Konzentration) des Weines aus den bei der Rohrzuckerinversion erhaltenen Konstanten haben wir ebenfalls in unserer ersten Abhandlung eingehende Angaben gemacht.

II. Bestimmung des Säuregrades von Weinen aus verschiedenen deutschen Weinbaugebieten.

3. Allgemeine Beziehungen zwischen dem Säuregrad der Weine und ihrem Gehalte an freier Säure.

Die Weine, welche wir für diese Untersuchungen benutzten, wurden uns durch Vermittelung der Herren Prof. Dr. Kulisch in Colmar i. Elsaß, Prof. Dr. Meißner in Weinsberg, Prof. Dr. Weller in Darmstadt und Geh. Reg.-Rat Prof. Dr. Wortmann in Geisenheim zur Verfügung gestellt, wofür wir auch an dieser Stelle unseren verbindlichsten Dank aussprechen. Einige Weine, welche in der nachstehenden Tabelle 1 mit einem Sternchen gekennzeichnet sind, bezogen wir aus einer Berliner Weingroßhandlung. Diese Versuche wurden in den Jahren 1904 und 1905 vorgenommen. Sie wurden in der Weise ausgeführt, daß wir zunächst die freie Säure des Weines nach dem in der Bekanntmachung des Reichskanzlers, betreffend Vorschriften für die chemische Untersuchung des Weines vom 25. Juni 1896, angegebenen Verfahren durch Titration ermittelten und dann die Zuckerinversionskonstante bei ungefähr $+76^0$ bestimmten. Um einen direkten Vergleich dieser Inversionskonstanten zu ermöglichen, wurden sie nach dem auf Seite 51 unserer ersten Abhandlung ermittelten Verfahren auf genau $+76,0^0$ reduziert[1]) und hieraus die Zahl der Millimol Wasserstoffionen, welche in 1 Liter Wein enthalten sind, berechnet. Der Berechnung wurde die Tatsache zugrunde gelegt, daß beim Geisenheimer Wein (1902), welcher in der nachstehenden Tabelle 1 unter Nummer 78 aufgeführt ist und dessen Inversionskonstante bei den in unserer ersten Abhandlung eingehend besprochenen Untersuchungen bei $+76,0^0$ zu 0,00477 bestimmt wurde, die Zahl der in 1 Liter enthaltenen Wasserstoffionen im Durchschnitt 1,27 Millimol betrug.

---

[1]) Der Zunahme der Temperatur um $^1/_{10}$ Grad entspricht eine Zunahme der Inversionskonstanten um 0,9 %.

Tabelle 1. Vergleichende Übersicht über den Säuregrad (Wasserstoffionen-Konzentration) und den durch Titration ermittelten Säuregehalt von Weinen aus verschiedenen deutschen Weinbaugebieten.

Die Weine sind nach ihrem Säuregrad geordnet.

[Diese Weine wurden uns durch Vermittelung der Herren Prof. Dr. Kulisch (Colmar i. E.), Prof. Dr. Meißner (Weinsberg), Prof. Dr. Weller (Darmstadt) und Geh. Reg.-Rat Prof. Dr. Wortmann (Geisenheim) zur Verfügung gestellt. Die mit einem * versehenen Weine wurden aus einer Berliner Weingroßhandlung bezogen.]

Laufende Nr.	Herkunft des Weines				Abstich	Durch Titration ermittelter Säuregehalt, berechnet auf Gramm Weinsäure in 1 Liter Wein	Mittelwert der Inversionskonstanten nach Reduktion auf +76,0°	Zahl der Millimol H-Ionen, welche in 1 Liter Wein enthalten sind
	Gemarkung	Lage	Jahrgang	Traubensorte				
1	2	3	4	5	6	7	8	9
1	Weinsberg	—	1904	Traminer	1	4,3	0,00064	0,17
2	Gr.-Umstadt i. O.	Steinkrück	1904	—	2	4,9	0,00083	0,22
3	Weinsberg	—	1904	Traminer	—	5,0	0,00092	0,24
4	Gr.-Umstadt i. O.	Hinter. Neuberg	1904	—	2	4,7	0,00095	0,25
5	Weinsberg	—	1901	Traminer	—	4,9	0,00118	0,31
6	Rufach	—	1903	Clevner	—	5,6	0,00129	0,34
7	Gr.-Umstadt i. O.	Ziegelwald	1904	—	1	6,0	0,00131	0,35
8	Colmar	—	1902	Riesling	—	6,6	0,00146	0,39
9	Geisenheim	Leideck	1904	Sylvaner	5	7,0	0,00147	0,39
10*	Deidesheim	—	1896*	—	—	5,2	0,00148	0,39
11	Gr.-Umstadt i. O.	Vorder. Neuberg	1904	—	1	6,5	0,00149	0,40
12	Deidesheim	—	1895*	—	—	5,2	0,00152	0,40
13	„	—	—	—	—	5,2	0,00152	0,40
14	Gr.-Umstadt i. O.	Hinter. Neuberg	1904	—	1	6,2	0,00153	0,41
15	„	Steinkrück	1904	—	1	6,5	0,00156	0,41
16*	Deidesheim	—	1895*	—	—	5,2	0,00157	0,42
17	Auerbach a. d. B.	Roßbach Altarberg Verschnitt	1904	—	1	6,5	0,00164	0,44
18*	Lorch	—	1897*	—	—	5,2	0,00167	0,44
19*	Senheim	—	1897*	—	—	5,7	0,00172	0,46
20*	Nierstein	—	1895*	—	—	5,3	0,00172	0,46
21*	Obermosel	—	1899*	—	—	5,7	0,00174	0,46
22*	Nierstein	—	1895*	—	—	5,8	0,00174	0,46
23	Weinsberg	—	1903	Riesling	—	5,9	0,00174	0,46
24*	Wachenheim	—	1897*	—	—	5,1	0,00179	0,47
25*	Rüdesheim	—	1893*	—	—	5,3	0,00188	0,50
26	Weinsberg	—	1900	Riesling	—	6,1	0,00192	0,51
27*	Laubenheim	—	1897*	—	—	5,3	0,00200	0,53
28*	Erbach	—	1897*	—	—	5,6	0,00203	0,54
29*	Piesport	—	1895*	—	—	7,1	0,00204	0,54
30	Colmar	Verschnitt aus verschied. Lagen	1900	Verschiedene Sorten	—	5,8	0,00205	0,54
31	Weinsberg	—	1902	Riesling	—	6,8	0,00212	0,56
32	Geisenheim	Fuchsberg	1904	Sylvaner	2	8,1	0,00213	0,57
33*	Brauneberg	—	1897*	—	—	7,1	0,00213	0,57
34*	Bernkastel	—	1897*	—	—	6,2	0,00213	0,57

Laufende Nr.	Herkunft des Weines					Abstich	Durch Titration ermittelter Säuregehalt, berechnet auf Gramm Weinsäure in 1 Liter Wein	Mittelwert der Inversionskonstanten nach Reduktion auf + 76,0°	Zahl der Millimol H-Ionen, welche in 1 Liter Wein enthalten sind
	Gemarkung	Lage	Jahrgang	Traubensorte					
1	2	3	4	5	6	7	8	9	
35*	Ruppertsberg	—	1897*	—	—	5,9	0,00213	0,57	
36	Geisenheim	Fuchsberg	1904	Sylvaner	5	8,1	0,00214	0,57	
37*	Oppenheim	—	1895*	—	—	5,7	0,00215	0,57	
38	Geisenheim	Fuchsberg	1904	Sylvaner	1	8,3	0,00217	0,58	
39*	Guntersblum	—	1897	—	—	6,1	0,00219	0,58	
40	Geisenheim	Fuchsberg	1904	Sylvaner	6	8,2	0,00219	0,58	
41	″	″	1904	″	4	7,9	0,00220	0,58	
42	″	Leideck	1904	″	6	7,3	0,00221	0,59	
43	″	″	1904	″	3	9,7	0,00233	0,62	
44	″	Fuchsberg	1904	″	3	8,1	0,00235	0,62	
45	″	Leideck	1904	″	2	9,8	0,00242	0,64	
46	″	″	1904	″	1	9,8	0,00244	0,65	
47	″	″	1904	″	4	9,8	0,00246	0,65	
48	Seeheim a. d. B.	Brauneberg	1904	—	1	6,9	0,00247	0,66	
49*	Zeltingen	—	1897*	—	—	7,0	0,00248	0,66	
50	Geisenheim	Fuchsberg	1904	Riesling	6	8,8	0,00248	0,66	
51	″	″	1904	″	3	8,9	0,00258	0,68	
52	″	″	1904	″	5	8,7	0,00259	0,69	
53	″	—	1904	Elbling	2	9,3	0,00262	0,70	
54	″	Fuchsberg	1904	Riesling	4	8,7	0,00262	0,70	
55	″	—	1904	Elbling	3	9,2	0,00264	0,70	
56	″	—	1904	″	5	9,4	0,00267	0,71	
57	″	—	1904	″	6	9,3	0,00269	0,71	
58	Weinsberg	—	1904	Riesling	—	8,5	0,00270	0,72	
59	Geisenheim	Fuchsberg	1904	″	2	8,9	0,00275	0,73	
60	″	″	1904	″	1	9,1	0,00277	0,73	
61	Verrenberg	—	1904	″	1	9,6	0,00281	0,75	
62	Colmar	—	1902	—	—	9,3	0,00281	0,75	
63	Geisenheim	—	1904	Elbling	4	9,2	0,00285	0,76	
64	Verrenberg	—	1904	Traminer	1	9,5	0,00285	0,76	
65	Geisenheim	—	1904	Elbling	1	9,2	0,00291	0,77	
66	Rufach	—	1903	—	—	9,7	0,00299	0,79	
67	Geisenheim	Flecht	1903	—	—	10,7	0,00308	0,82	
68	″	Fuchsberg	—	Sylvaner	—	10,4	0,00309	0,82	
69	″	Leideck	—	Riesling	—	11,3	0,00354	0,94	
70	″	—	—	Elbling	—	9,7	0,00363	0,96	
71	Colmar	—	1902	Verschiedene Sorten	—	13,5	0,00369	0,98	
72	Geisenheim	Leideck	1904	Riesling	5	11,7	0,00381	1,01	
73	″	″	1904	″	4	11,6	0,00393	1,04	
74	″	″	1904	″	3	11,7	0,00399	1,06	
75	″	″	1904	″	6	11,5	0,00405	1,07	
76	″	″	1904	″	2	11,8	0,00413	1,10	
77	″	″	1904	″	1	12,1	0,00429	1,14	
78	″	—	1902	—	1	12,4	0,00477	1,27	
79	Obermosel	—	1905	—	—	18,4	0,00605	1,61	

Wie aus der Tabelle 1, deren Anordnung ohne weiteres verständlich ist, hervorgeht, liegen die durch Titration ermittelten Werte des Säuregehalts der untersuchten 79 Weine zwischen 4,3°/₀₀ und 18,4°/₀₀, die auf $+76,0°$ reduzierten Inversionskonstanten zwischen 0,00064 und 0,00605 und die Säuregradzahlen zwischen 0,17 und 1,61 Millimol. In der Tabelle sind die Weine nach dem Säuregrad geordnet, der Wein Nummer 1 hat den niedrigsten und der Wein Nummer 79 den höchsten Säuregrad. Im ganzen und großen ordnen sich die Weine auch in bezug auf den titrimetrisch ermittelten Säuregehalt in der gleichen Reihenfolge an, wobei allerdings oft sehr erhebliche Abweichungen im umgekehrten Sinne stattfinden. Am besten ist dies aus Figur 1 (s. die Tafel) ersichtlich, in welcher die Werte für den Säuregrad und für den Säuregehalt graphisch dargestellt sind. Irgend welche Gesetzmäßigkeiten in Bezug auf diese Abweichungen lassen sich nicht erkennen, doch geht aus der Zusammenstellung deutlich hervor, daß Säuregrad und Säuregehalt nicht parallel miteinander verlaufen und daß der durch Titration ermittelte Gehalt an freier Säure keinen zuverlässigen Maßstab für den Säuregrad des Weines bildet.

4. Vergleich des Säuregrades der Weine mit ihrer chemischen Zusammensetzung.

Um weitere Anhaltspunkte für die Bedeutung und die Beurteilung des Säuregrades zu gewinnen, haben wir ferner von 52 der in der Tabelle 1 aufgezählten Weine das spezifische Gewicht, den Alkoholgehalt, den Extraktgehalt und den Gehalt an Mineralbestandteilen ermittelt und diese Daten in Tabelle 2 (S. 7) mit denjenigen von Tabelle 1 zusammengestellt. Auch hier sind die Weine nach dem steigenden Säuregrade geordnet. Außerdem wurden die Werte für den Säuregrad, der Gehalt an freier Säure, an Alkohol, Extrakt und Mineralbestandteilen in Figur 2 (s. die Tafel) graphisch dargestellt.

Aus dem Verlauf der verschiedenen Kurven lassen sich keine regelmäßigen Beziehungen zwischen dem Säuregrad der Weine und ihrem Alkohol- nnd Extraktgehalt erkennen. Zwischen dem Säuregrad und dem Gehalt an Mineralbestandteilen scheint insofern ein Zusammenhang zu bestehen, als die Weine mit höherem Säuregrad durchschnittlich einen geringeren Gehalt an Mineralbestandteilen aufweisen. Doch kommen gelegentlich auch größere Abweichungen vor.

5. Vergleich des Säuregrades von Weinen mit ihrer chemischen Zusammensetzung zu verschiedenen Zeitpunkten ihrer Entwicklung.

Schließlich versuchten wir noch Regelmäßigkeiten zwischen dem Säuregrade einerseits und dem durch Titration ermittelten Säuregehalte sowie der chemischen Zusammensetzung anderseits bei ein und demselben Wein zu verschiedenen Zeitpunkten seiner Entwicklung vom ersten bis sechsten Abstich zu ermitteln. Die Ergebnisse der an fünf verschiedenen Weinen angestellten sechs Versuchsreihen sind in Tabelle 3 (S. 8) enthalten und in Figur 3 (s. die Tafel) graphisch dargestellt. Wie aus einem Vergleich des Verlaufes der Kurven hervorgeht, lassen sich ins Auge fallende Beziehungen nicht erkennen.

Tabelle 2. Vergleichende Übersicht über den Säuregrad (Wasserstoffionen-Konzentration) und den durch Titration ermittelten Säuregehalt von Weinen unter Berücksichtigung ihrer chemischen Zusammensetzung.

Die Weine sind nach ihrem Säuregrad geordnet.

[Diese Weine wurden uns durch Vermittelung der Herren Prof. Dr. Kulisch (Colmar i. E.), Prof. Dr. Meißner (Weinsberg), Prof. Dr. Weller (Darmstadt) und Geh. Reg.-Rat Prof. Dr. Wortmann (Geisenheim) zur Verfügung gestellt.]

Laufende Nr.	Herkunft des Weines			Jahrgang	Abstich	Säuregehalt, ber. auf Gramm Weinsäure in 1 Liter Wein	Mittelwert der Inversionskonstanten nach Reduktion auf + 76,0°	Zahl der Millimol Wasserstoffionen (H-Ionen), welche in 1 Liter Wein enthalten sind	Spezifisches Gewicht des Weines	Alkoholgehalt	Extraktgehalt	Gehalt an Mineralbestandteilen
	Gemarkung	Lage	Traubensorte							g in 100 ccm Wein		
1	2	3	4	5	6	7	8	9	10	11	12	13
1	Weinsberg	—	Traminer	1904	1	4,3	0,00064	0,17	0,9948	9,34	2,68	0,214
2	Gr.-Umstadt i. O.	Steinkrück	—	1904	—	4,9	0,00083	0,22	0,9952	8,49	2,41	0,230
3	„	Hinter. Neuberg	—	1904	2	4,7	0,00095	0,25	0,9938	8,77	2,11	0,202
4	Rufach	—	Clevner	1903	—	5,6	0,00129	0,34	0,9942	8,81	2,22	0,227
5	Gr.-Umstadt i. O.	Ziegelwald	—	1904	1	6,0	0,00131	0,35	0,9945	8,49	2,14	0,194
6	Colmar	—	Riesling	1902	—	6,6	0,00146	0,39	0,9970	7,57	2,41	0,230
7	Geisenheim	Leideck	Sylvaner	1904	5	7,0	0,00147	0,39	0,9982	7,26	2,93	0,163
8	Gr.-Umstadt i. O.	Vorder. Neuberg	—	1904	1	6,5	0,00149	0,40	0,9949	8,42	2,21	0,197
9	„	Hinter. „	—	1904	1	6,2	0,00153	0,41	0,9943	8,91	2,24	0,194
10	„	Steinkrück	—	1904	1	6,5	0,00156	0,41	0,9961	8,56	2,60	0,218
11	Auerbach a. d. B.	Roßbach ⎱ Ver- Altarberg ⎰ schnitt	—	1904	1	6,5	0,00164	0,44	0,9942	9,13	2,42	0,162
12	Weinsberg	—	Riesling	1903	—	5,9	0,00174	0,46	0,9954	7,83	2,09	0,226
13	Colmar	—	Verschiedene Trauben	1900	—	5,8	0,00205	0,54	0,9955	6,93	1,95	0,204
14	Weinsberg	—	Riesling	1902	—	6,8	0,00212	0,56	0,9979	6,02	2,00	0,192
15	Geisenheim	Fuchsberg	Sylvaner	1904	2	8,1	0,00213	0,57	0,9970	9,13	3,20	0,148
16	„	„	„	1904	5	8,1	0,00214	0,57	0,9962	9,42	3,07	0,150
17	„	„	„	1904	1	8,3	0,00217	0,58	0,9971	9,49	3,16	0,144
18	„	„	„	1904	6	8,2	0,00219	0,58	0,9965	9,42	3,00	0,143
19	„	„	„	1904	4	7,9	0,00220	0,58	0,9964	9,49	2,98	0,148
20	„	Leideck	„	1904	6	7,3	0,00221	0,59	0,9964	7,83	2,98	0,152
21	„	„	„	1904	3	9,7	0,00233	0,62	0,9994	7,12	2,98	0,174
22	„	Fuchsberg	„	1904	3	8,1	0,00235	0,62	0,9969	9,27	3,08	0,152
23	„	Leideck	„	1904	2	9,8	0,00242	0,64	0,9996	7,26	2,95	0,172
24	„	„	„	1904	1	9,8	0,00244	0,65	0,9995	7,84	2,98	0,174
25	„	„	„	1904	4	9,8	0,00246	0,65	0,9998	7,06	2,95	0,163
26	Seeheim a. d. B.	Brauneberg	„	1904	1	6,9	0,00247	0,66	0,9978	8,00	2,26	0,144
27	Geisenheim	Fuchsberg	Riesling	1904	6	8,8	0,00248	0,66	1,0063	10,14	5,89	0,182
28	„	„	„	1904	3	8,9	0,00258	0,68	1,0160	9,27	8,09	0,184
29	„	„	„	1904	5	8,7	0,00259	0,69	1,0100	9,78	6,72	0,173
30	„	—	Elbling	1904	2	9,3	0,00262	0,70	0,9977	7,94	2,69	0,189
31	„	Fuchsberg	Riesling	1904	4	8,7	0,00262	0,70	1,0093	9,99	6,62	0,183
32	„	—	Elbling	1904	3	9,2	0,00264	0,70	0,9975	8,00	2,69	0,193
33	„	—	„	1904	5	9,4	0,00267	0,71	0,9977	8,07	2,77	0,175
34	„	—	„	1904	6	9,3	0,00269	0,71	0,9975	8,00	2,78	0,187

Laufende Nr.	Herkunft des Weines			Jahrgang	Abstich	Säuregehalt, ber. auf Gramm Weinsäure in 1 Liter Wein	Mittelwert der Inversionskonstanten nach Reduktion auf + 76,0°	Zahl der Millimol Wasserstoffionen (H-Ionen), welche in 1 Liter Wein enthalten sind	Spezifisches Gewicht des Weines	Alkoholgehalt	Extraktgehalt	Gehalt an Mineralbestandteilen
	Gemarkung	Lage	Traubensorte									
										g in 100 ccm Wein		
1	2	3	4	5	6	7	8	9	10	11	12	13
35	Weinsberg	—	Riesling	1904	—	8,5	0,00270	0,72	0,9989	8,77	3,29	0,179
36	Geisenheim	Fuchsberg	„	1904	2	8,9	0,00275	0,73	1,0182	9,27	3,66	0,179
37	„	„	„	1904	1	9,1	0,00277	0,73	1,0192	9,27	3,57	0,190
38	Colmar	—	—	1902	—	9,3	0,00281	0,75	0,9999	5,23	2,19	0,194
39	Verrenberg	—	Riesling	1904	1	9,6	0,00281	0,75	1,0010	9,78	4,39	—
40	„	—	Traminer	1904	1	9,5	0,00285	0,76	1,0009	9,85	4,39	—
41	Geisenheim	—	Elbling	1904	4	9,2	0,00285	0,76	0,9973	7,94	2,76	0,192
42	„	—	„	1904	1	9,2	0,00291	0,77	0,9974	8,00	2,65	0,173
43	Rufach	—	Sylvaner	1903	—	9,7	0,00299	0,79	0,9979	7,12	2,38	0,216
44	Colmar	—	Verschiedene Sorten	1902	—	13,5	0,00369	0,98	1,0012	5,64	2,65	0,307
45	Geisenheim	Leideck	Riesling	1904	5	11,7	0,00381	1,01	0,9988	8,28	3,13	0,148
46	„	„	„	1904	4	11,6	0,00393	1,04	0,9993	8,21	3,28	0,159
47	„	„	„	1904	3	11,7	0,00399	1,06	0,9989	8,35	3,18	0,146
48	„	„	„	1904	6	11,5	0,00405	1,07	0,9986	8,21	3,20	0,148
49	„	„	„	1904	2	11,8	0,00413	1,10	0,9992	8,42	3,35	0,149
50	„	„	„	1904	1	12,1	0,00429	1,14	0,9994	8,56	3,30	0,136
51	„	—	—	1902	1	12,4	0,00476	1,27	1,0019	6,08	3,01	0,192
52	Obermosel	—	—	1905	—	18,4	0,00605	1,61	—	—	2,64	0,176

Tabelle 3. Vergleichende Übersicht über den Säuregrad (Wasserstoffionen-Konzentration), den durch Titration ermittelten Säuregehalt und die chemische Zusammensetzung von Weinen zu verschiedenen Zeitpunkten ihrer Entwickelung.

[Die Weine wurden uns durch Vermittelung des Herrn Geheimen Regierungsrats Professor Dr. Wortmann in Geisenheim zur Verfügung gestellt.]

Bezeichnung des Abstichs	Säuregehalt, berechnet auf Gramm Weinsäure in 1 Liter Wein	Mittelwert der Inversionskonstanten nach Reduktion auf + 76,0°	Zahl d. Millimol Wasserstoffionen (H-Ionen), welche in 1 Liter Wein enthalten sind	Spezifisches Gewicht des Weines	Alkoholgehalt	Extraktgehalt	Gehalt an Mineralbestandteilen
						g in 100 ccm Wein	
1	2	3	4	5	6	7	8
1904er Geisenheimer Leideck, Sylvaner.							
1. Abstich	9,8	0,00244	0,65	0,9995	7,34	2,98	0,174
2. „	9,8	0,00242	0,64	0,9996	7,26	2,95	0,172
3. „	9,7	0,00233	0,62	0,9994	7,12	2,98	0,174
4. „	9,8	0,00246	0,65	0,9998	7,06	2,95	0,163
5. „	7,0	0,00147	0,39	0,9982	7,26	2,93	0,163
6. „	7,3	0,00221	0,59	0,9964	7,33	2,98	0,152

Bezeichnung des Abstichs	Säuregehalt, berechnet auf Gramm Weinsäure in 1 Liter Wein	Mittelwert der Inversionskonstanten nach Reduktion auf +76,0°	Zahl d. Millimol Wasserstoffionen (H-Ionen), welche in 1 Liter Wein enthalten sind	Spezifisches Gewicht des Weines	Alkoholgehalt	Extraktgehalt	Gehalt an Mineralbestandteilen
					g in 100 ccm Wein		
1	2	3	4	5	6	7	8
1904er Geisenheimer Fuchsberg, Sylvaner.							
1. Abstich	8,3	0,00217	0,58	0,9971	9,49	3,16	0,144
2. „	8,1	0,00213	0,57	0,9970	9,13	3,20	0,148
3. „	8,1	0,00235	0,62	0,9969	9,27	3,08	0,152
4. „	7,9	0,00220	0,58	0,9964	9,49	2,98	0,148
5. „	8,1	0,00214	0,57	0,9962	9,42	3,07	0,150
6. „	8,2	0,00219	0,58	0,9965	9,42	3,00	0,143
1904er Geisenheimer Leideck, Riesling.							
1. Abstich	12,1	0,00429	1,14	0,9994	8,56	3,30	0,136
2. „	11,8	0,00413	1,10	0,9992	8,42	3,35	0,149
3. „	11,7	0,00399	1,06	0,9989	8,35	3,18	0,146
4. „	11,6	0,00393	1,04	0,9993	8,21	3,23	0,159
5. „	11,7	0,00381	1,01	0,9988	8,28	3,13	0,148
6. „	11,5	0,00405	1,07	0,9986	8,21	3,20	0,148
1904er Geisenheimer Fuchsberg, Riesling.							
1. Abstich	9,1	0,00277	0,73	1,0192	9,27	8,57	0,190
2. „	8,9	0,00275	0,73	1,0182	9,27	8,66	0,179
3. „	8,9	0,00258	0,68	1,0160	9,27	8,09	0,184
4. „	8,7	0,00262	0,70	1,0093	9,99	6,62	0,183
5. „	8,7	0,00259	0,69	1,0100	9,78	6,72	0,173
6. „	8,8	0,00248	0,66	1,0063	10,14	5,89	0,182
1904er Geisenheimer Elbling.							
1. Abstich	9,2	0,00291	0,77	0,9974	8,00	2,65	0,173
2. „	9,3	0,00262	0,70	0,9977	7,94	2,69	0,189
3. „	9,2	0,00264	0,70	0,9975	8,00	2,69	0,193
4. „	9,2	0,00285	0,76	0,9973	7,94	2,76	0,192
5. „	9,4	0,00267	0,71	0,9977	8,07	2,77	0,175
6. „	9,3	0,00269	0,71	0,9975	8,00	2,78	0,187

Die Ursache hierfür mag wohl darauf zurückzuführen sein, daß der Extrakt- und Alkoholgehalt nur einen geringen direkten Einfluß auf den Säuregrad ausüben, während der Gehalt an freier Säure und an Mineralbestandteilen für den Säuregrad zwar von Bedeutung sind, wie sich aus unseren Versuchen ergab, daß aber durch die gegenseitige Beeinflussung dieser beiden Faktoren das Bild unübersichtlich wird. Die Übersichtlichkeit wird wahrscheinlich noch dadurch vermindert, daß im Wein außer den Mineralstoffen noch Stoffe enthalten sind, welche Säuren mehr oder minder locker zu binden vermögen.

Um einen Einblick in diese Verhältnisse zu gewinnen, schien es angezeigt, zunächst festzustellen, ob die allgemeinen Gesetzmäßigkeiten, welche die Wasserstoffionenkonzentration in einer wässerigen Lösung der im Weine vorkommenden Säuren und Salze regeln, sich auch beim Wein wiederfinden. Erst, wenn dies der Fall ist, läßt sich erwarten, daß durch die Anwendung der neueren Theorien der Lösungen und durch einen steten Vergleich mit künstlich hergestellten Gemischen die Konstitution eines so kompliziert zusammengesetzten Gebildes, wie es der Wein ist, aufgeklärt werden kann.

III. Bestimmung des Einflusses eines Zusatzes von Wasser und von Salzen und Säuren auf den Säuregrad des Weines.

6. Allgemeines über den Einfluß der Verdünnung und über die gegenseitige Beeinflussung gelöster Stoffe in bezug auf ihre elektrolytische Dissoziation. Rückdrängung der Dissoziation.

Wie wir in der ersten Abhandlung dargelegt haben, ist der Grad der elektrolytischen Dissoziation der Säuren und Salze in hohem Grade von der Konzentration der Lösung abhängig. Je verdünnter eine Lösung ist, um so mehr sind diese Stoffe dissoziiert. Dabei ist zu berücksichtigen, daß sich die Zunahme des Dissoziationsgrades mit zunehmender Verdünnung bei starken Elektrolyten d. h. bei Stoffen, welche schon in 1-litrigen Lösungen über die Hälfte in ihre Ionen zerfallen sind, bei weitem nicht so bemerkbar macht, als bei den schwachen Elektrolyten, bei denen der Dissoziationsgrad auch in den 10-litrigen Lösungen nur wenige Prozente beträgt. Zu den starken Elektrolyten gehören außer den starken Mineralsäuren, welche hier weniger in Frage kommen, die meisten Salze und zu den schwachen Elektrolyten die im Wein vorkommenden organischen Säuren. So ist z. B. das Kochsalz in der 1-litrigen = 5,85 prozentigen wässerigen Lösung zu ungefähr 68 Prozent, in der 10-litrigen = 0,585 prozentigen Lösung zu 84 Prozent und in der 100-litrigen = 0,0585 prozentigen Lösung zu 93 Prozent dissoziiert. Bei der Verdünnung der wässerigen Kochsalzlösung im Verhältnis 1 : 100 nimmt demnach der Dissoziationsgrad des Chlornatriums nur im Verhältnis 68 : 93 oder 1 : 1,37 zu. Anders liegen die Verhältnisse bei der Essigsäure, Bernsteinsäure, Milchsäure, Äpfelsäure und Weinsäure, deren elektrolytische Dissoziationsverhältnisse in wässeriger Lösung mit steigender Verdünnung in Tabelle 4 übersichtlich zusammengestellt sind. Diese Angaben sind den Tabellen 6 bis 10 auf den Seiten 21 und 22 unserer ersten Abhandlung entnommen. Danach ist die Essigsäure in 8-litriger Lösung zu 1,19%, in 64-litriger Lösung zu 3,33% und in 1024-litriger Lösung zu 12,66% dissoziiert; bei der Verdünnung einer wässerigen Essigsäurelösung im Verhältnis 1 : 8 nimmt demnach der Dissoziationsgrad der Essigsäure im Verhältnis 1,19 : 3,33 = 1 : 2,8 und bei der Verdünnung 1 : 128 im Verhältnis 1,19 : 12,66 = 1 : 10,6 zu. Auch ergibt sich bei einem Vergleich dieser Säuren, deren Dissoziationsgrad oder, was dasselbe ist, deren Stärke bei gleichen Verdünnungen sehr verschieden ist, daß die Zunahme des Dissoziationsgrades mit der Verdünnung um so geringer wird, je stärker die Säure ist. So beträgt das Dissoziationsverhältnis bei den Verdünnungen 16 auf 1024 Liter bei Essigsäure 1 : 7,59, bei Bernsteinsäure 1 : 7,17, bei Milchsäure 1 : 6,72 und bei Weinsäure 1 : 5,68.

Tabelle 4. Zunahme des elektrolytischen Dissoziationsgrades der im Wein vorkommenden organischen Säuren in wässeriger Lösung mit zunehmender Verdünnung.

Anzahl der Liter Lösung, in denen 1 Grammmolekel = 1 Mol der Säuren gelöst ist	Prozentsatz der Säuren, welcher in Ionen gespalten ist				
	Essigsäure %	Bernsteinsäure %	Milchsäure %	Äpfelsäure %	Weinsäure %
8	1,19	—	3,26	—	—
16	1,67	3,20	4,60	—	11,67
32	2,38	4,50	6,46	10,64	16,20
64	3,33	6,32	9,00	14,64	22,12
128	4,68	8,80	12,37	20,10	29,85
256	6,58	12,24	16,80	27,10	39,80
512	9,14	16,75	22,96	36,0	51,80
1024	12,66	22,95	30,93	59,8	66,3
Zunahme des Dissoziationsgrades bei der Verdünnung von 16 : 1024 Liter	1 : 7,59	1 : 7,17	1 : 6,72	—	1 : 5,68

Wie wir auf Seite 22 ff. unserer ersten Abhandlung dargelegt haben, besteht zwischen den Konzentrationen der Ionen eines binären, d. h. in zwei Ionen zerfallenden Elektrolyten, zu denen auch im allgemeinen die im Wein vorkommenden Säuren gehören, und der Konzentration der nicht dissoziierten Molekeln eine ganz bestimmte Beziehung: das Produkt der molekularen Konzentrationen der beiden Ionen, dividiert durch die molekulare Konzentration des nicht dissoziierten Elektrolyten ist konstant und unabhängig von der jeweiligen Verdünnung der Lösung. Diese Beziehung können wir durch die Gleichung ausdrücken:

$$\frac{b \cdot c}{a} = k \qquad (1)$$

In dieser Gleichung ist:

a = molekulare Konzentration der nicht dissoziierten Säuremolekeln[1]),
b = „ „ „ negativen Säureionen,
c = „ „ „ positiven Wasserstoffionen,
k = Affinitätskonstante nach W. Ostwald.

So lange sich nur eine Säure in der wässerigen Lösung befindet, hängen die Größen a und b und c, d. h. der Dissoziationsgrad der Säure nur von der Konzen-

---

[1]) In unserer ersten Abhandlung bedeutete a die molekulare Menge der Stoffe. Die molekulare Konzentration erhält man durch Division der molekularen Menge durch v d. i. die Anzahl Liter, in denen ein Mol des Stoffes gelöst ist. Solange es sich nur um die Anwesenheit eines Elektrolyten in der Lösung handelte, war es anschaulicher, die molekulare Menge zur Berechnung heranzuziehen. Bei Gegenwart mehrerer Elektrolyte ist es dagegen zweckmäßiger, direkt mit der molekularen Konzentration zu rechnen. Es entsprechen daher die Größen a, b und c dieser Abhandlung den Größen $\frac{a}{v}$, $\frac{b}{v}$ und $\frac{c}{v}$ der ersten Abhandlung.

tration d. h. der Zahl der Liter Wasser ab, in welchen 1 Mol der Säure gelöst ist, da k, die Affinitätskonstante, von der Verdünnung der Lösung unabhängig ist. Außerdem sind in diesem Falle, wo es sich um die wässerige Lösung eines binären Elektrolyten handelt, die Größen a und b einander gleich, da die Konzentration der positiven Ionen immer gleich derjenigen der negativen Ionen sein muß. Wir können demnach jene Gleichung auch schreiben:

$$\frac{b^2}{a} = k \qquad (2)$$

$$\text{oder } \frac{c^2}{a} = k \qquad (3)$$

Hierbei, wie auch bei den folgenden Ausführungen, wird vorausgesetzt, daß die Temperatur der Lösungen konstant ist.

Wenn wir nun zu einer wässerigen Säurelösung z. B. zu einer Essigsäurelösung einen sogenannten gleichionigen Elektrolyten hinzusetzen, dessen eines Ion mit einem der beiden Säureionen übereinstimmt, wenn wir also zu der Essigsäurelösung z. B. Natriumacetat hinzufügen, so wird das bestehende Säuregleichgewicht gestört. In diesem Falle wird nämlich die Größe b d. h. die molekulare Konzentration der negativen Säureionen durch die Konzentration der hinzukommenden Säureionen des Natriumacetats vermehrt. Wir können uns die Konstitution einer wässerigen Essigsäurelösung, welche gleichzeitig noch Natriumacetat enthält, durch folgendes Schema versinnbildlichen:

Tabelle 5. Schematische Darstellung der Konstitution einer wässerigen Essigsäurelösung, welche gleichzeitig Natriumacetat enthält, nach der elektrolytischen Dissoziationstheorie.

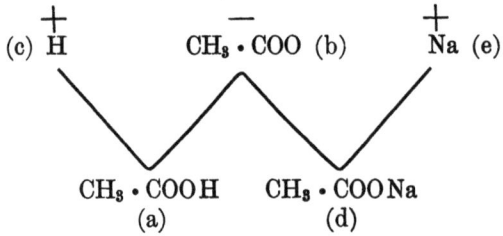

In diesem Schema bedeutet:

a = molekulare Konzentration der nichtdissoziierten Essigsäuremolekeln,
b =   „   „   „   negativen Essigsäureionen,
c =   „   „   „   positiven Wasserstoffionen,
d =   „   „   „   nichtdissoziierten Natriumacetatmolekeln,
e =   „   „   „   positiven Natriumionen.

Die Essigsäure und das Natriumacetat haben das Essigsäureion gemeinschaftlich. Da die Summe der positiven Ionen stets gleich derjenigen der negativen Ionen, also $b = c + e$ sein muß, so lautet die Dissoziationsgleichung für die Essigsäure in diesem Gemisch:

$$\frac{(c + e) \cdot c}{a} = k \qquad (4)$$

Die Affinitätskonstante k wird durch den Zusatz des Natriumacetats nicht beeinflußt, ihr Wert bleibt derselbe, gleichgültig, ob sich die Essigsäure allein oder in Gegenwart anderer Säuren oder von Salzen in der Lösung befindet. Vergleichen wir diese Gleichung (4) mit Gleichung (3): $\frac{c^2}{a} = k$, welche für die Essigsäure gilt, wenn diese allein in Lösung ist, so sehen wir zunächst, daß die rechten Seiten der beiden Gleichungen gleich k sind. Es muß demnach für den Fall, daß die Konzentration der Essigsäure in beiden Lösungen gleich ist,

$$\frac{(c + e) \cdot c}{a} = \frac{c^2}{a} \qquad (5)$$

sein. Dies ist aber nur dann möglich, wenn das c auf der linken Seite kleiner als das c der rechten Seite ist; denn zu dem einen Faktor des Produktes auf der linken Seite ist noch die Größe e hinzugetreten. **Wir sehen demnach, daß durch den Zusatz eines gleichionigen Salzes, des Natriumacetats, zu der wässerigen Lösung einer schwach dissoziierten Säure, der Essigsäure, die Dissoziation der letzteren vermindert oder zurückgedrängt wird.** Infolgedessen wird auch die Wasserstoffionenkonzentration d. h. der Säuregrad der Lösung vermindert.

Wie wir später sehen werden, ist diese Gesetzmäßigkeit von großer Bedeutung für die Beurteilung des Säuregrades des Weines, und es war deshalb wünschenswert, die Rückdrängung der Dissoziation an den wässerigen Lösungen verschiedener Säuren des Weines durch Zusatz ihrer Salze experimentell zu prüfen und durch die Rechnung zu kontrollieren. Wir wählten für diese Versuche zunächst die oben als Beispiel angeführte Rückdrängung der Essigsäure durch Natriumacetat, weil bei der Verwendung einer einbasischen Säure und des Salzes eines einwertigen Metalls die Verhältnisse sehr einfach liegen und der Rechnung gut zugänglich sind.

7. Verminderung des Säuregrades einer wässerigen Lösung von Essigsäure durch steigenden Zusatz von Natriumacetat.

Wir begannen damit, daß wir zunächst die Inversionskonstante einer 12-litrigen $= \frac{1}{12}$-normalen Essigsäure bei ungefähr $+ 76^0$ ermittelten. Die Ergebnisse dieser Versuche sind in den Tabellen 6 und 7 enthalten.

Tabelle 6. Inversionsgeschwindigkeit von 12-litriger $= \frac{1}{12}$-normaler Essigsäure in wässeriger Lösung.

Datum	Tageszeit	Zeit ϑ in Minuten seit Beginn des Versuchs	Temperatur des Thermostaten ^{0}C.	Ablenkungswinkel (Grade der Zuckerskala)	Relative Konzentration des Rohrzuckers in der Lösung	Inversionskonstante $k = \frac{\log C_0 - \log C_\vartheta}{0{,}4343 \cdot \vartheta}$
1	2	3	4	5	6	7
31. 12. 03	12^{31} N.	0	$+ 76{,}3^0$	$+ 19{,}1$	25,6	—
	12^{53} „	22	$+ 76{,}2^0$	$+ 17{,}3$	23,8	0,00 331
	1^{22} „	51	$+ 76{,}2^0$	$+ 14{,}3$	20,8	0,00 407
	1^{50} „	79	$+ 76{,}2^0$	$+ 12{,}0$	18,5	0,00 411
	2^{20} „	109	$+ 76{,}2^0$	$+ 9{,}65$	16,15	0,00 422
	2^{44} „	133	$+ 76{,}2^0$	$+ 8{,}15$	14,65	0,00 419

Berechnete Enddrehung: $-6{,}5^0$.   Mittelwert: **k = 0,00 417**

Tabelle 7. Inversionsgeschwindigkeit von 12-litriger $= \frac{1}{12}$-normaler Essigsäure in wässeriger Lösung.

Datum	Tageszeit	Zeit ϑ in Minuten seit Beginn des Versuchs	Temperatur des Thermostaten °C.	Ablenkungs- winkel (Grade der Kreisskala)	Relative Konzentration des Rohrzuckers in der Lösung	Inversions- konstante $k = \frac{\log C_0 - \log C_\vartheta}{0{,}4343 \cdot \vartheta}$
1	2	3	4	5	6	7
2. 12. 04	$9^{59{,}3}$ V.	0	$+76{,}3°$	$+6{,}70$	8,98	—
	$11^{42{,}8}$ „	103,5	$+76{,}3°$	$+3{,}50$	5,78	0,00 426
	12^{11} N.	131,7	$+76{,}3°$	$+2{,}87$	5,15	0,00 422
	$12^{35{,}1}$ „	155,8	$+76{,}3°$	$+2{,}36$	4,64	0,00 424
	$1^{12{,}9}$ „	193,6	$+76{,}3°$	$+1{,}65$	3,93	0,00 427

Berechnete Enddrehung: —2,28°.   Mittelwert: k = **0,00 425**

Darnach betrug die Inversionskonstante bei $+76{,}2°$ 0,00417 und bei $+76{,}3°$ 0,00425. Hierauf bestimmten wir die Inversionskonstante von Lösungen, welche in bezug auf die Essigsäure immer 12-litrig $= \frac{1}{12}$-normal waren, aber steigende Mengen von Natriumacetat enthielten. Wir untersuchten zunächst eine Lösung, deren Gehalt an Natriumacetat nur einer 2000-litrigen $= \frac{1}{2000}$-normalen Lösung entsprach, welche also in 1 Liter nur $\frac{82}{2000}$ g $= 41$ Milligramm CH_3COONa enthielt.

Wie aus Tabelle 8 hervorgeht, übt dieser äußerst geringe Zusatz des Neutralsalzes schon einen erheblichen Einfluß auf den Säuregrad der Essigsäure aus; denn die Inversionskonstante beträgt bei $+76{,}2°$ nur noch 0,00336, also ungefähr $\frac{1}{5}$ weniger.

Tabelle 8. Inversionsgeschwindigkeit von 12-litriger $= \frac{1}{12}$-normaler Essigsäure in wässeriger Lösung nach Zusatz von Natriumacetat.

Die Lösung war in bezug auf Essigsäure 12·litrig $= \frac{1}{12}$·normal.

„ „ „ „ „ „ Natriumacetat 2000·litrig $= \frac{1}{2000}$·normal.

Datum	Tageszeit	Zeit ϑ in Minuten seit Beginn des Versuchs	Temperatur des Thermostaten °C.	Ablenkungs- winkel (Grade der Zuckerskala)	Relative Konzentration des Rohrzuckers in der Lösung	Inversions- konstante $k = \frac{\log C_0 - \log C_\vartheta}{0{,}4343 \cdot \vartheta}$
1	2	3	4	5	6	7
21. 1. 04	11^{22} V.	0	$+76{,}2°$	$+19{,}1$	25,59	—
	12^{16} N.	54	$+76{,}2°$	$+15{,}0$	21,49	0,00 323
	12^{53} „	91	$+76{,}2°$	$+12{,}4$	18,89	0,00 333
	1^{31} „	129	$+76{,}2°$	$+10{,}1$	16,59	0,00 335
	$2^{28{,}5}$ „	186,5	$+76{,}2°$	$+7{,}1$	13,59	0,00 339
	3^{40} „	258	$+76{,}2°$	$+4{,}2$	10,69	0,00 338

Berechnete Enddehnung: —6,49°.   Mittelwert: k = **0,00 336**

Tabelle 9. Inversionsgeschwindigkeit von 12-litriger $=\frac{1}{12}$-normaler Essigsäure in wässeriger Lösung nach Zusatz von Natriumacetat.

Die Lösung war in bezug auf Essigsäure 12-litrig $=\frac{1}{12}$-normal.

„ „ „ „ „ „ Natriumacetat 1000-litrig $=\frac{1}{1000}$-normal.

Datum	Tageszeit	Zeit ϑ in Minuten seit Beginn des Versuchs	Temperatur des Thermostaten °C.	Ablenkungswinkel (Grade der Zuckerskala)	Relative Konzentration des Rohrzuckers in der Lösung	Inversionskonstante $k = \frac{\log C_0 - \log C_\vartheta}{0{,}4343 \cdot \vartheta}$
1	2	3	4	5	6	7
20. 1. 04.	12³⁶ N.	0	+76,4°	+19,1	25,59	—
	1¹¹ „	35	+76,4°	+17,0	23,49	0,00 245
	1⁴⁷ „	71	+76,4°	+14,5	20,99	0,00 279
	2²² „	106	+76,4°	+12,55	19,04	0,00 279
	2⁵⁹ „	143	+76,4°	+10,7	17,19	0,00 278
	3³¹,⁵ „	175,5	+76,7°	+ 9,1	15,59	0,00 282

Berechnete Enddrehung: — 6,49°   Mittelwert: k = **0,00 280**

Tabelle 10. Inversionsgeschwindigkeit von 12-litriger $=\frac{1}{12}$-normaler Essigsäure in wässeriger Lösung nach Zusatz von Natriumacetat.

Die Lösung war in bezug auf Essigsäure 12-litrig $=\frac{1}{12}$-normal.

„ „ „ „ „ „ Natriumacetat 500-litrig $=\frac{1}{500}$-normal.

Datum	Tageszeit	Zeit ϑ in Minuten seit Beginn des Versuchs	Temperatur des Thermostaten °C.	Ablenkungswinkel (Grade der Zuckerskala)	Relative Konzentration des Rohrzuckers in der Lösung	Inversionskonstante $k = \frac{\log C_0 - \log C_\vartheta}{0{,}4343 \cdot \vartheta}$
1	2	3	4	5	6	7
19. 1. 04.	11²⁰ V.	0	+76,2°	+19,1	25,59	—
	1⁴³ N.	143	+76,2°	+12,7	19,19	0,00 201
	2²⁷,⁵ „	187,5	+76,3°	+11,1	17,59	0,00 199
	3⁴⁰ „	260	+76,3°	+ 8,65	15,14	0,00 210

Berechnete Enddrehung: — 6,49°   Mittelwert: k = **0,00 203**

Auf den Tabellen 9 bis 15 sind die weiteren Versuchsergebnisse enthalten und auf der Tabelle 16 sind alle Versuchsergebnisse übersichtlich zusammengestellt.

Um einen direkten Vergleich zu ermöglichen, wurden die Inversionskonstanten auf die Temperatur + 76,0° umgerechnet. In der Rubrik 7 ist ferner der Gehalt der Lösungen an Wasserstoffionen angegeben. Diese Umrechnung stützt sich auf die von uns mit 500-litriger $= \frac{1}{500}$ normaler rein wässeriger Salzsäure angestellten Inversionsversuche, welche auf den Seiten 61 und 62 unserer ersten Abhandlung

Tabelle 11. Inversionsgeschwindigkeit von 12-litriger $=\frac{1}{12}$-normaler Essigsäure in wässeriger Lösung nach Zusatz von Natriumacetat.

Die Lösung war in bezug auf Essigsäure 12-litrig $=\frac{1}{12}$-normal.

„ „ „ „ „ „ Natriumacetat 250-litrig $=\frac{1}{250}$-normal.

Datum	Tageszeit	Zeit ϑ in Minuten seit Beginn des Versuchs	Temperatur des Thermostaten °C.	Ablenkungswinkel (Grade der Zuckerskala)	Relative Konzentration des Rohrzuckers in der Lösung	Inversionskonstante $k=\frac{\log C_0 - \log C_\vartheta}{0{,}4343 \cdot \vartheta}$
1	2	3	4	5	6	7
18. 1. 04.	1^{25} N.	0	$+75{,}6°$	$+19{,}1$	25,59	—
	$1^{54{,}5}$ „	29,5	$+75{,}6°$	$+18{,}3$	24,79	0,00 107
	2^{52} „	87	$+75{,}6°$	$+16{,}9$	23,39	0,00 108
	3^{41} „	136	$+75{,}6°$	$+15{,}5$	21,99	0,00 111
19. 1. 04.	10^4 V.	1239	$+76{,}2°$	$-0{,}6$	5,89	0,00 118

Berechnete Enddrehung: $-6{,}49°$ Mittelwert: $k = 0{,}00\,110$

Tabelle 12. Inversionsgeschwindigkeit von 12-litriger $=\frac{1}{12}$-normaler Essigsäure in wässeriger Lösung nach Zusatz von Natriumacetat.

Die Lösung war in bezug auf Essigsäure 12-litrig $=\frac{1}{12}$-normal.

„ „ „ „ „ „ Natriumacetat 100-litrig $=\frac{1}{100}$-normal.

Datum	Tageszeit	Zeit ϑ in Minuten seit Beginn des Versuchs	Temperatur des Thermostaten °C.	Ablenkungswinkel (Grade der Zuckerskala)	Relative Konzentration des Rohrzuckers in der Lösung	Inversionskonstante $k=\frac{\log C_0 - \log C_\vartheta}{0{,}4343 \cdot \vartheta}$
1	2	3	4	5	6	7
14.1.04.	1^{24} N.	0	$+74{,}4°$	$+19{,}1$	25,59	—
	2^{39} „	75	$+74{,}4°$	$+18{,}3$	24,76	—
	$3^{40{,}5}$ „	136,5	$+74{,}4°$	$+17{,}6$	24,09	0,00 044
15. 1. 04.	$10^{24{,}5}$ V.	1260,5	$+74{,}4°$	$+7{,}75$	14,24	0,00 046

Berechnete Enddrehung: $-6{,}49°$ Mittelwert: $k = 0{,}00\,045$

enthalten sind. Die Inversionskonstante dieser 500-litrigen Salzsäure betrug bei 76,0° im Mittel 0,00787 und, da die Konzentration der Wasserstoffionen in dieser Lösung zu 1,98 Millimol in 1 Liter angenommen werden kann, beträgt die Inversionskonstante einer rein wässerigen Säurelösung, welche ein Millimol Wasserstoffionen in 1 Liter enthält, $\frac{0{,}00787}{1{,}98} = 0{,}00397$. Unter Zugrundelegung dieses Umrechnungs-

Tabelle 13. Inversionsgeschwindigkeit von 12-litriger $=\frac{1}{12}$-normaler Essigsäure in wässeriger Lösung nach Zusatz von Natriumacetat.

Die Lösung war in bezug auf Essigsäure 12-litrig $=\frac{1}{12}$-normal.

„ „ „ „ „ Natriumacetat 50-litrig $=\frac{1}{50}$-normal.

Datum	Tageszeit	Zeit ϑ in Minuten seit Beginn des Versuchs	Temperatur des Thermostaten °C.	Ablenkungswinkel (Grade der Zuckerskala)	Relative Konzentration des Rohrzuckers in der Lösung	Inversionskonstante $k = \frac{\log C_0 - \log C_\vartheta}{0{,}4343 \cdot \vartheta}$
1	2	3	4	5	6	7
15. 1. 04.	12^{27} N.	0	$+74{,}5°$	$+19{,}1$	25,59	—
	$3^{7,5}$ „	160,5	$+74{,}5°$	$+18{,}0$	24,49	0,00 027
16. 1. 04.	$9^{51,5}$ V.	1284,5	$+74{,}5°$	$+11{,}6$	18,09	0,00 027

Berechnete Enddrehung: $-6{,}49°$ Mittelwert: k = **0,00 027**

Tabelle 14. Inversionsgeschwindigkeit von 12-litriger $=\frac{1}{12}$-normaler Essigsäure in wässeriger Lösung nach Zusatz von Natriumacetat.

Die Lösung war in bezug auf Essigsäure 12-litrig $=\frac{1}{12}$-normal.

„ „ „ „ „ Natriumacetat 36-litrig $=\frac{1}{36}$-normal.

Datum	Tageszeit	Zeit ϑ in Minuten seit Beginn des Versuchs	Temperatur des Thermostaten °C.	Ablenkungswinkel (Grade der Zuckerskala)	Relative Konzentration des Rohrzuckers in der Lösung	Inversionskonstante $k = \frac{\log C_0 - \log C_\vartheta}{0{,}4343 \cdot \vartheta}$
1	2	3	4	5	6	7
14. 1. 04.	10^{46} V.	0	$+74{,}4°$	$+19{,}1$	25,59	—
	11^{46} „	60	$+74{,}4°$	$+19{,}1$	25,59	—
	$2^{59,5}$ N.	253,5	$+74{,}4°$	$+17{,}9$	24,39	0,00 019
15. 1. 04.	$10^{46,5}$ „	1440,5	$+74{,}4°$	$+12{,}6$	19,09	0,00 020

Berechnete Enddrehung: $-6{,}49°$ Mittelwert: k = **0,00 020**

faktors sind die in Rubrik 7 auf Tabelle 16 enthaltenen Zahlen aus den Versuchen ermittelt worden.

Aus diesen Zahlen geht hervor, daß der Säuregrad einer wässerigen Essigsäurelösung durch einen steigenden Zusatz von Natriumacetat außerordentlich herabgesetzt werden kann. Schon ein Gehalt an Natriumacetat, der einer 500-litrigen $=\frac{1}{500}$-normalen Lösung entspricht, dessen molekulare Menge also noch nicht $\frac{1}{40}$ der Essig-

Tabelle 15. Inversionsgeschwindigkeit von 12-litriger $=\frac{1}{12}$-normaler Essigsäure in wässeriger Lösung nach Zusatz von Natriumacetat.

Die Lösung war in bezug auf Essigsäure 12-litrig $=\frac{1}{12}$·normal.

„   „   „   „   „   „ Natriumacetat 12-litrig $=\frac{1}{12}$·normal.

Datum	Tageszeit	Zeit ϑ in Minuten seit Beginn des Versuchs	Temperatur des Thermostaten °C.	Ablenkungswinkel (Grade der Zuckerskala)	Relative Konzentration des Rohrzuckers in der Lösung	Inversionskonstante $k = \frac{\log C_0 - \log C_\vartheta}{0{,}4343 \cdot \vartheta}$
1	2	3	4	5	6	7
13. 1. 04.	12¹⁶,⁵ N.	0	+74,4°	+19,1	25,59	—
	12⁴⁵ „	28,5	+74,4°	+19,1	25,59	—
	1³⁸ „	43,5	+74,4°	+18,9	25,39	—
	3¹⁰ „	173,5	+74,4°	+18,8	25,29	—
14. 1. 04.	9⁴⁵ V.	1278,5	+74,4°	+16,6	23,09	0,00 008
15. 1. 04.	11¹³ „	2806,5	+74,4°	+13,7	20,19	0,00 008

Berechnete Enddrehung: —6,49°   Mittelwert: k = **0,00 008**

Tabelle 16. Verminderung des Säuregrades (der H-Ionen-Konzentration) in wässeriger Essigsäure durch steigenden Zusatz von Natriumacetat.

Übersicht über die in den Tabellen 6—15 enthaltenen Versuche. Die wässerige Essigsäure war stets 12-litrig $=\frac{1}{12}$·normal $= 0{,}5\%$ig. Die Inversionskonstanten sind auf die Temperatur $+76{,}0°$ berechnet.

Nummer der Tabelle, in welcher der Versuch enthalten ist	Gehalt der Lösung an				Mittelwert der Inversionskonstanten	Zahl der Millimol Wasserstoffionen (H-Ionen), welche in 1 Liter des Gemisches enthalten sind		
	Essigsäure		wasserfreiem Natriumacetat					
	Zahl der Liter, in denen ein Mol oder ein Grammolekulargewicht der Essigsäure $CH_3COOH = 60$ g enthalten ist	Prozentgehalt der Lösung an Essigsäure %	Zahl der Liter, in denen ein Mol oder ein GrammMolekulargewicht des Natriumacetats CH_3COONa $= 82$ g enthalten ist	Prozentgehalt der Lösung an Natriumacetat %		gefunden	berechnet	berechnet mit Berücksichtigung der Wärmeausdehnung
1	2	3	4	5	6	7	8	9
6	12	0,5	0	0	0,00 409	1,03	1,10	1,07
7	12	0,5	0	0	0,00 414	1,04	1,10	1,07
8	12	0,5	2000	0,004	0,00 330	0,83	0,89	0,87
9	12	0,5	1000	0,008	0,00 270	0,68	0,72	0,70
10	12	0,5	500	0,016	0,00 198	0,50	0,50	0,49
11	12	0,5	250	0,033	0,00 113	0,28	0,29	0,28
12	12	0,5	100	0,08	0,00 051	0,13	0,12	0,12
13	12	0,5	50	0,16	0,00 031	0,08	0,06	0,06
14	12	0,5	36	0,23	0,00 023	0,06	0,04	0,04
15	12	0,5	12	0,68	0,00 009	0,02	0,02	0,02

säure beträgt, setzt die Zahl der Wasserstoffionen auf die Hälfte herab (Tabelle 10). Nach Hinzufügen der äquimolekularen Menge Natriumacetat (Tabelle 15) beträgt die Wasserstoffionenkonzentration nur noch ungefähr $\frac{1}{50}$ des ursprünglichen Gehalts.

Es bedeutet einen großen Fortschritt in unserer Kenntnis der Stoffe im gelösten Zustande, daß wir auf Grund der neueren Theorien der Lösungen imstande sind, die in der Rubrik 7 enthaltenen Zahlen, d. h. die Rückdrängung der Wasserstoffionenkonzentration einer Säurelösung durch Zusatz eines Neutralsalzes auch rechnerisch zu ermitteln.

Wie oben gezeigt worden ist, besteht in einer Lösung, welche gleichzeitig Essigsäure und Natriumacetat enthält, zwischen den nicht dissoziierten Essigsäuremolekeln (a), den Wasserstoffionen (c) und den Natriumionen (e) nach Gleichung (4) die Beziehung:

$$\frac{(c + e) c}{a} = k$$

In dieser Gleichung ist die Affinitätskonstante k, welche etwas von der Temperatur abhängig ist, bekannt. Sie beträgt nach Versuchen, welche der eine von uns mit Paul Mauz angestellt hat, bei $+76^0$ 0,000015, gegenüber dem von W. Ostwald bestimmten Werte 0,000018 bei 18^0.

Die Untersuchung der elektrischen Leitfähigkeit sowie des Gefrier- und Siedepunktes der wässerigen Lösungen von Salzen hat ergeben, daß die Mehrzahl der Salze und insbesondere die Neutralsalze der Alkalimetalle schon in mäßigen Konzentrationen weitgehend dissoziiert sind. Wir dürfen daher annehmen, daß das Natriumacetat in den hier in Betracht kommenden Verdünnungen nahezu vollkommen dissoziiert ist, und können, ohne einen großen Fehler zu machen, in der Gleichung (4) e, die Konzentration des Natriumions, gleich der Konzentration des Natriumacetats setzen. Als Unbekannte bleiben in dieser Gleichung demnach noch die Größen c und a übrig. Da die Summe der nichtdissoziierten Essigsäuremolekeln (a) und der Wasserstoffionen (c) gleich der Konzentration der Essigsäure in der Lösung sein muß, und da letztere bekannt ist, so besteht die Gleichung:

$$c + a = f, \qquad (5)$$

worin f die molekulare Konzentration der Essigsäure bedeutet. Wir haben demnach zwei Gleichungen mit zwei Unbekannten, welche wir auflösen können. Aus der Kombination der Gleichungen (4) und (5) ergibt sich:

$$c = -\frac{e + k}{2} + \sqrt{k f + \left(\frac{e + k}{2}\right)^2} \qquad (6)$$

Wollen wir z. B. nach dieser Gleichung (6) die molekulare Konzentration der Wasserstoffionen in einer Lösung berechnen, deren Gehalt an Essigsäure 12-litrig = $\frac{1}{12}$·normal und deren Gehalt an Natriumacetat 1000-litrig = $\frac{1}{1000}$·normal ist, was den Versuchen der Tabelle 9 entspricht, so gestaltet sich die Rechnung folgendermaßen:

$$e = 0,001; \quad f = \frac{1}{12}; \quad k = 0,000015.$$

Die Gleichung nimmt daher die Gestalt an:

$$c = -\frac{0{,}001 + 0{,}000\,015}{2} + \sqrt{0{,}000\,015 \cdot \frac{1}{12} + \left(\frac{0{,}001 + 0{,}000\,015}{2}\right)^2}$$
$$= 0{,}00072.$$

Die molekulare Konzentration der Wasserstoffionen in einer solchen Lösung ist demnach 0,00072 oder 0,72 Millimol in einem Liter. Auf diese Weise sind auch die übrigen Wasserstoffionenkonzentrationen in den Essigsäure-Natriumacetatgemischen berechnet worden.

Die in Rubrik 8 der Tabelle 16 enthaltene Wasserstoffionenkonzentration der 12-litrigen Essigsäurelösung ohne Zusatz von Natriumacetat wurde in folgender Weise berechnet. Nach den Ausführungen auf Seite 24 unserer ersten Abhandlung gilt für den Dissoziationsgrad x einer Säure, deren Affinitätskonstante k ist, bei der Verdünnung v Liter die Gleichung:

$$x = \sqrt{kv + \left(\frac{kv}{2}\right)^2} - \frac{kv}{2}$$

Setzen wir im vorliegenden Falle den Wert für $k = 0{,}000\,015$ und den Wert für $v = 12$ ein, so erhalten wir für $x = 0{,}0133$. Die Essigsäure ist demnach in in 12-litriger Lösung zu 1,33 % dissoziiert. Da die Konzentration $\frac{1}{12}$ Mol in 1 Liter beträgt, so sind in 1 Liter der Lösung $\frac{1000 \cdot 1{,}33}{12 \cdot 100} = 1{,}10$ Millimol Wasserstoffionen enthalten.

Vergleichen wir die gefundenen und berechneten Zahlen der Rubriken 7 und 8, so finden wir, daß sie sehr befriedigend übereinstimmen. Hierbei muß berücksichtigt werden, daß die zu messenden Konzentrationen, besonders bei den Versuchen der Tabellen 13, 14 und 15 sehr gering sind, und daß die Annahmen, welche wir bei der theoretischen Berechnung gemacht haben, nur annähernd den wirklichen Verhältnissen Rechnung tragen.

Die Übereinstimmung der berechneten und gefundenen Zahlen wird aber noch besser, wenn wir die Wärmeausdehnung der Lösungen von $+ 18^\circ$, bei welcher Temperatur die Lösungen hergestellt wurden, auf $+ 76^\circ$, bei welcher Temperatur die Inversionskonstanten bestimmt wurden, berücksichtigen. Nehmen wir an, daß die Ausdehnung der Lösung von Essigsäure, Natriumacetat und Rohrzucker ungefähr die gleiche ist, wie die des Wassers, dessen spezifisches Volum bei $+ 18^\circ$ 1,00134 und bei $+ 76^\circ$ 1,02636 beträgt, so findet eine Volumvermehrung beim Erwärmen von $+ 18^\circ$ auf $+ 76^\circ$ von 1001,34 ccm auf 1026,36 ccm oder von 2,5 % statt. Um diesen Betrag müssen demnach die Zahlen in Rubrik 8 vermindert werden. Die auf diese Weise berechneten Werte sind in Rubrik 9 enthalten.

8. Rückdrängung der elektrolytischen Dissoziation von Säuren durch Säuren in wässeriger Lösung.

Wir haben gesehen, daß die Dissoziation der Säuren dadurch vermindert oder zurückgedrängt werden kann, daß ein Neutralsalz dieser Säure zugesetzt wird, welches mit der Säure ein Ion, das Säureion, gemeinschaftlich hat. Auf Grund derselben Gesetzmäßigkeit muß eine Rückdrängung der Dissoziation einer Säure aber auch dadurch erfolgen, daß ein Stoff ihrer Lösung zugesetzt wird, welcher das Wasserstoffion mit ihr gemeinschaftlich hat. Es müssen sich infolgedessen zwei Säuren, welche sich gleichzeitig in Lösung befinden, so beeinflussen, daß ihr beiderseitiger Dissoziationsgrad vermindert wird, und daß demnach die Wasserstoffionenkonzentration des Gemisches kleiner ist, als die Summe der Wasserstoffionen der Einzellösungen von gleicher Konzentration.

Als Beispiel für die Berechnung der entstehenden Gleichgewichte wollen wir die wässerige Lösung eines Gemisches von Essigsäure und Milchsäure wählen, dessen Wasserstoffionenkonzentration von uns auch experimentell bestimmt wurde. Die Konstitution einer solchen Lösung können wir uns durch folgendes Schema versinnbildlichen:

Tabelle 17. Schematische Darstellung der Konstitution der wässerigen Lösung eines Gemisches von Essigsäure und Milchsäure.

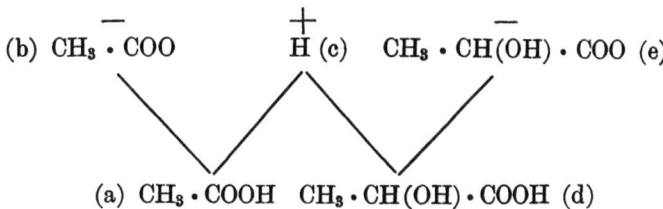

In diesem Schema bedeutet:

a = molekulare Konzentration der nichtdissoziierten Essigsäuremolekeln,
b = „ „ „ negativen Essigsäureionen,
c = „ „ „ positiven Wasserstoffionen,
d = „ „ „ nichtdissoziierten Milchsäuremolekeln,
e = „ „ „ negativen Milchsäureionen.

Die Dissoziation der beiden Säuren wird durch die Gleichungen geregelt:

$$\frac{b \cdot c}{a} = k_1 \qquad \frac{e \cdot c}{d} = k_2.$$

Die Affinitätskonstante der Essigsäure soll mit k_1 und diejenige der Milchsäure mit k_2 bezeichnet werden.

In diesen beiden Gleichungen sind zunächst die 5 Größen a, b, c, d und e unbekannt. Damit wir die Gleichungen nach c auflösen können, müssen wir noch andere Beziehungen aufsuchen. Da die Konzentrationen der Säuren nach der Versuchsanordnung bekannt sind, so ist:

$$a + b = m \quad \text{und} \quad d + e = n,$$

wobei m die Konzentration der Essigsäure und n diejenige der Milchsäure bedeutet. Außerdem wissen wir, daß die Summe der negativen Ionen gleich der Summe der positiven Ionen sein muß. Demnach ist

$$b + e = c.$$

Aus diesen 5 Gleichungen können wir c, die Konzentration des Wasserstoffions, berechnen. Durch Kombination derselben erhält man die kubische Gleichung:

$$c^3 + c^2 (k_1 + k_2) + c (k_1 \cdot k_2 - k_2 n - k_1 m) = k_1 \cdot k_2 (m + n).$$

Da die Auflösung dieser Gleichung sich etwas verwickelt gestaltet, so sei sie hier an einem Beispiel durchgeführt, welches der Versuchsanordnung auf Tabelle 18 entspricht. Es wurde dort die Wasserstoffionenkonzentration einer wässerigen Lösung bestimmt, welche in bezug auf die Essigsäure und die Milchsäure 12-litrig $= \frac{1}{12}$ normal war.

Wie schon erwähnt, beträgt die Affinitätskonstante der Essigsäure bei $+ 76^0$ $1{,}5 \cdot 10^{-5}$. Diejenige der Milchsäure kann annähernd aus der von uns durch Inversionsversuche bei $+ 76^0$ ermittelten Wasserstoffionenkonzentration der 12-litrigen $= \frac{1}{12}$-normalen Milchsäure berechnet werden (vergl. Tabelle 20). Sie beträgt $1{,}3 \cdot 10^{-4}$[1]).

In der obigen kubischen Gleichung haben wir demnach zu setzen:

$$k_1 = 0{,}000015 \qquad k_2 = 0{,}00013$$
$$m = \frac{1}{12} \qquad n = \frac{1}{12}$$

Die Gleichung nimmt dann die Gestalt an:

$$c^3 + 0{,}000145\, c^2 - 0{,}00001208\, c - 0{,}000000000325 = 0.$$

Um eine kubische Gleichung von der Form:

$$x^3 + ax^2 + bx + c = 0$$

zu lösen, führen wir am besten die Substitutionsgleichung ein: $x = y - \frac{a}{3}$.

Setzen wir nun:

$$p = b - \frac{1}{3} a^2 \quad \text{und} \quad q = 2 \left(\frac{a}{3}\right)^3 - \frac{1}{3} a b + c,$$

so erhalten wir die reduzierte kubische Gleichung: $y^3 + py + q = 0$.

Hieraus folgt für:

$$y = \sqrt[3]{-\frac{q}{2} \pm \sqrt{\left(\frac{p}{3}\right)^3 + \left(\frac{q}{2}\right)^2}} + \sqrt[3]{-\frac{q}{2} \mp \sqrt{\left(\frac{p}{3}\right)^3 + \left(\frac{q}{2}\right)^2}}.$$

---

[1]) Nach den auf Tabelle 20 gemachten Angaben, welche aus der Tabelle 29 auf Seite 240 der ersten Abhandlung nach Reduktion auf $+ 76{,}0^0$ berechnet wurden, beträgt die Wasserstoffionenkonzentration einer 12-litrigen $= \frac{1}{12} \cdot$ normalen Milchsäurelösung 3,22 Millimol in 1 Liter. Hieraus läßt sich die Affinitätskonstante der Milchsäure bei 76^0 nach der Gleichung berechnen: $k = \frac{x^2}{(1-x)}$, in welcher $x = 0{,}00322$ und $1 = \frac{1}{12}$ zu setzen ist. Es ist demnach

$$k = \frac{(0{,}00322)^2}{\left(\frac{1}{12} - 0{,}00322\right)} = 1{,}3 \cdot 10^{-4}.$$

Setzen wir in diese Gleichungen die Werte unserer kubischen Zahlengleichung ein, so erhalten wir:
$$p = -0{,}00001208$$
$$q = 0{,}000\,000\,000\,259.$$

Rechnet man hiernach den Wert für $\sqrt{\left(\dfrac{p}{3}\right)^3 + \left(\dfrac{q}{2}\right)^2}$ aus, so erhält man für den Ausdruck unter der Quadratwurzel den negativen Wert $-6{,}525 \cdot 10^{-17}$, d. h. der Wert der Wurzel ist imaginär und es liegt der sogen. Casus irreducibilis vor. In Wirklichkeit hat in solchen Fällen die Gleichung drei reelle Wurzeln, die man mittels der trigonometrischen Methode erhält. Gehen wir hierbei von der Gleichung aus:
$$y^3 - pz \pm q = 0,$$
und setzen
$$\frac{q}{2}\sqrt{\frac{27}{p^3}} = \sin 3\varphi,$$
so erhalten wir bei dem von uns gewählten Beispiel $\varphi = 0^\circ\,18'\,21''$.

Die Wurzeln der Zwischengleichung sind demnach:
$$y_1 = \pm \frac{2}{3} \sin \varphi \sqrt{3\,p} = \pm 0{,}0000215$$
$$y_2 = \pm \frac{2}{3} \sin(60^\circ - \varphi) \sqrt{3\,p} = \pm 0{,}00347$$
$$y_3 = \pm \frac{2}{3} \sin(60^\circ + \varphi) \sqrt{3\,p} = \pm 0{,}00349$$

Nach der Substitutionsgleichung war $x = y - \dfrac{a}{3}$. Infolgedessen haben für uns die negativen Werte von y keine Bedeutung. Ziehen wir von den positiven Werten $\dfrac{a}{3} = 0{,}000048$ ab, so erhalten wir für x oder, was dasselbe ist, für c, d. h. die Konzentration der Wasserstoffionen:
$$c_1 = 0{,}0000215 - 0{,}000048 = -0{,}000026$$
$$c_2 = 0{,}00347 - 0{,}000048 = +0{,}00342$$
$$c_3 = 0{,}00349 - 0{,}000048 = +0{,}00344$$

Da der Wert für c_1 negativ ist, kommt er hier ebenfalls nicht in Betracht. Wir finden demnach für die Wasserstoffionen-Konzentration c einer wässerigen Lösung, welche ein Gemisch von Essigsäure und Milchsäure enthält und in bezug auf diese beiden Säuren je 12-litrig $= \dfrac{1}{12}$-normal ist, die nahezu identischen Werte 3,42 und 3,44 Millimol in 1 Liter. Der Versuch ergab 3,40 Millimol (Tabelle 18).

Auch hier stimmt der berechnete mit dem experimentell gefundenen Werte sehr befriedigend überein.

Tabelle 18. Inversionsgeschwindigkeit eines Gemisches von Essigsäure und Milchsäure in wässeriger Lösung.

Die Lösung war in bezug auf Essigsäure und Milchsäure 12-litrig.

Datum	Tageszeit	Zeit ϑ in Minuten seit Beginn des Versuchs	Temperatur des Thermostaten °C.	Ablenkungswinkel (Grade der Zuckerskala)	Relative Konzentration des Rohrzuckers in der Lösung	Inversionskonstante $k = \dfrac{\log C_0 - \log C_\vartheta}{0{,}4343 \cdot \vartheta}$
1	2	3	4	5	6	7
9. 1. 04	10⁴¹ V.	0	+ 76,2°	+ 19,1	25,59	—
	10⁵⁷,⁵ „	16,5	+ 76,0°	+ 15,2	21,69	—
	11²¹,⁵ „	40,5	+ 76,0°	+ 8,8	15,29	0,0127
	11⁵² „	71	+ 76,0°	+ 3,4	9,89	0,0134
	12¹²,⁵ N.	91,5	+ 76,0°	+ 0,85	7,34	0,0136
	12⁴⁵ „	124,0	+ 76,2°	− 1,7	4,79	0,0135

Berechnete Enddrehung: − 6,49°. Mittelwert: k = **0,0135**

Diesem Mittelwert der Inversionskonstante k = 0,0135 entspricht die Wasserstoffionen-Konzentration von 3,40 Millimol in 1 Liter.

Da in der Chemie des Weines die Weinsäure eine große Rolle spielt, haben wir auch einen Versuch ausgeführt, um die gegenseitige Beeinflussung der Essigsäure und Weinsäure zu zeigen. Dieser Versuch ist außerdem noch insofern bemerkenswert, als es sich in diesem Falle um eine zweibasische Säure handelt. Ein Schema für deren elektrolytische Dissoziation haben wir in unserer ersten Abhandlung auf Seite 16 aufgestellt. Es treten bei dieser ziemlich starken zweibasischen Säure zwei Dissoziationsstufen auf, deren zweite in saurer Lösung für unsere Zwecke vernachlässigt werden kann. Die der ersten Dissoziationsstufe entsprechende Affinitätskonstante beträgt bei + 76° 7,38 · 10⁻⁴. Sie läßt sich annähernd aus der Wasserstoffionen-Konzentration der 12-litrigen $= \dfrac{1}{6}$-normalen Weinsäurelösung berechnen, welche von uns durch Inversionsversuche zu 7,48 Millimol in 1 Liter gefunden wurde (vergl. Tabelle 20).

Tabelle 19. Inversionsgeschwindigkeit eines Gemisches von Essigsäure und Weinsäure in wässeriger Lösung.

Die Lösung war in bezug auf Essigsäure und Weinsäure 12-litrig.
Die Drehung der Weinsäure in der Lösung beträgt + 0,5° (Grade der Zuckerskala).

Datum	Tageszeit	Zeit ϑ in Minuten seit Beginn des Versuchs	Temperatur des Thermostaten °C.	Ablenkungswinkel (Grade der Zuckerskala)	Relative Konzentration des Rohrzuckers in der Lösung	Inversionskonstante $k = \dfrac{\log C_0 - \log C_\vartheta}{0{,}4343 \cdot \vartheta}$
1	2	3	4	5	6	7
8. 1. 04	12³ N.	0	+ 76,2°	+ 19,6	25,60	—
	12¹⁶ „	13	+ 76,0°	+ 13,6	19,60	0,0205
	12³³,⁵ „	30,5	+ 76,2°	+ 4,25	10,25	0,0300
	12⁴⁹ „	46	+ 76,2°	− 0,2	5,8	0,0323
	1⁷ „	64	+ 76,2°	− 3,0	3,0	0,0335
	1²⁷,⁵ „	84,5	+ 76,2°	− 4,3	1,7	0,0321
	2²³ „	140	+ 76,2°	− 5,3	0,7	—

Berechnete Enddrehung: − 6,0°. Mittelwert: k = **0,0320**

Diesem Mittelwert der Inversionskonstante k = 0,0320 entspricht die Wasserstoffionen-Konzentration von 7,89 Millimol in 1 Liter.

Wie aus der Tabelle 19 hervorgeht, beträgt die Inversionskonstante einer wässerigen Lösung, welche Weinsäure und Essigsäure gleichzeitig und in der Konzentration von je 12 Litern enthält, 0,0320, was einer Wasserstoffionen-Konzentration von 7,89 Millimol in 1 Liter Lösung entspricht. Die Berechnung, welche analog derjenigen des Essigsäure-Milchsäuregemisches durchgeführt wurde, ergab 7,57 Millimol. Die Ergebnisse der Versuche auf den Tabellen 18 und 19 sind unter Hinzufügen der berechneten Werte in Tabelle 20 zusammengestellt. Außerdem findet sich dort noch eine Zusammenstellung der Inversionskonstanten und der daraus berechneten Wasserstoffionen-Konzentrationen der genannten drei Säuren in 12-litriger Lösung.

Tabelle 20. **Gegenseitige Beeinflussung der elektrolytischen Dissoziation zweier Säuren.**

(Zum Vergleich sind die Inversionskonstanten der Säuren allein beigegeben.)

Die Lösungen waren in bezug auf die Säuren 12-litrig.

Nummer der Tabelle, in welcher der Versuch enthalten ist	Säure	Prozentgehalt der Lösung an wasserfreier Säure %	Mittelwert d. Inversionskonstanten nach Reduktion auf $+76,0°$	Zahl der Millimol Wasserstoffionen (H-Ionen), welche in 1 Liter der Lösung enthalten sind	
				gefunden	berechnet
1	2	3	4	5	6
Arb. a. d. Kaiserl. Gesundheitsamte Bd. XXIII { S. 238, S. 239 }	Essigsäure	0,50	0,00411	1,04	—
	S. 240 Milchsäure	0,75	0,0128	3,22	—
	S. 241 Weinsäure	1,25	0,0297	7,48	—
Tab. 19	Essigsäure + Weinsäure	Essigsäure 0,50 Weinsäure 1,25	0,0313	7,89	7,57
„ 18	Essigsäure + Milchsäure	Essigsäure 0,50 Milchsäure 0,75	0,0135	3,40	3,42

9. Rückdrängung der elektrolytischen Dissoziation der zweibasischen Weinsäure durch ihre sauren Salze (Natriumbitartrat).

Nachdem durch den Versuch festgestellt war, daß sich die zweibasische Weinsäure bei Gegenwart von Essigsäure trotz ihrer zweistufigen Dissoziation verhält wie eine einbasische Säure, gingen wir dazu über, die Wasserstoffionenverminderung zu untersuchen, welche in einer Weinsäurelösung durch Zusatz von sauren weinsauren Salzen hervorgebracht wird. Diese Versuche sind dadurch von besonderem Interesse, weil der Säuregrad des Weines in erster Linie durch die Weinsäure mit bedingt wird, und weil im Wein auch Bitartrate (Weinstein) in erheblicher Menge enthalten sind.

Wir zogen für unsere Versuche das Natriumbitartrat dem Kaliumbitartrat wegen seiner größeren Löslichkeit vor. Auf den Tabellen 21, 22 und 23 sind drei Versuchsreihen enthalten, bei denen Weinsäurelösungen sehr verschiedener Konzentration, 10- bis 1000-litriger Lösung, zur Verwendung kamen. Diese Versuche sind auf Tabelle 24 übersichtlich zusammengestellt.

Tabelle 21. Inversionsgeschwindigkeit eines Gemisches von Weinsäure und Natriumbitartrat in wässeriger Lösung.

Die Lösung war in bezug auf Weinsäure 10-litrig,
„ „ „ „ „ „ Natriumbitartrat 100-litrig.

Datum	Tageszeit	Zeit ϑ in Minuten seit Beginn des Versuchs	Temperatur des Thermostaten °C.	Ablenkungswinkel (Grade der Zuckerskala)	Relative Konzentration des Rohrzuckers in der Lösung	Inversionskonstante $k = \dfrac{\log C_0 - \log C_\vartheta}{0{,}4343 \cdot \vartheta}$
1	2	3	4	5	6	7
27. 8. 04	10⁶,⁵ V.	0	+76,3°	+19,07	25,55	—
	11¹⁹,³ „	72,8	+76,3°	− 0,16	6,32	0,0192
	11⁴¹,⁴ „	94,9	+76,3°	− 1,87	4,61	0,0180
	11⁴⁶,⁵ „	100,0	+76,3°	− 2,13	4,35	0,0177

Berechnete Enddrehung: − 6,48°.   Mittelwert: k = **0,0183**

Tabelle 22. Inversionsgeschwindigkeit eines Gemisches von Weinsäure und Natriumbitartrat in wässeriger Lösung.

Die Lösung war in bezug auf Weinsäure 100-litrig,
„ „ „ „ „ „ Natriumbitartrat 1000-litrig.

Datum	Tageszeit	Zeit ϑ in Minuten seit Beginn des Versuchs	Temperatur des Thermostaten °C.	Ablenkungswinkel (Grade der Zuckerskala)	Relative Konzentration des Rohrzuckers in der Lösung	Inversionskonstante $k = \dfrac{\log C_0 - \log C_\vartheta}{0{,}4343 \cdot \vartheta}$
1	2	3	4	5	6	7
27. 8. 04	12⁵⁵ N.	0	+76,1°	+19,30	25,86	—
	1³⁶,⁷ „	41,7	+76,2°	+11,76	18,32	0,00826
	1⁵¹,² „	56,2	+76,2°	+ 9,21	15,77	0,00880
	2⁷ „	72	+76,3°	+ 7,28	13,84	0,00868
	2³¹,² „	96,2	+76,3°	+ 4,43	10,99	0,00889

Berechnete Enddrehung: − 6,56°.   Mittelwert: k = **0,00866**

Tabelle 23. Inversionsgeschwindigkeit eines Gemisches von Weinsäure und Natriumbitartrat in wässeriger Lösung.

Die Lösung war in bezug auf Weinsäure 1000-litrig,
„ „ „ „ „ „ Natriumbitartrat 10000-litrig.

Datum	Tageszeit	Zeit ϑ in Minuten seit Beginn des Versuchs	Temperatur des Thermostaten °C.	Ablenkungswinkel (Grade der Zuckerskala)	Relative Konzentration des Rohrzuckers in der Lösung	Inversionskonstante $k = \dfrac{\log C_0 - \log C_\vartheta}{0{,}4343 \cdot \vartheta}$
1	2	3	4	5	6	7
30. 8. 04	10¹⁵ V.	0	+76,2°	+19,30	25,86	—
	11⁴⁸ „	93	+76,2°	+14,44	21,00	0,00224
	12¹⁹,⁵ N.	124,5	+76,3°	+12,90	19,46	0,00230
	12⁵⁰ „	155	+76,3°	+11,50	18,06	0,00232
	2⁰,² „	225,2	+76,3°	+ 8,93	15,49	0,00228

Berechnete Enddrehung: − 6,56°.   Mittelwert: k = **0,00229**

Tabelle 24. Verminderung des Säuregrades (der Wasserstoffionen-Konzentration) einer wässerigen Lösung von Weinsäure durch Zusatz von Natriumbitartrat.

Übersicht über die in den Tabellen 21 bis 23 enthaltenen Versuche.

Nummer der Tabelle, in welcher der Versuch enthalten ist	Gehalt der Lösung an				Mittelwert der Inversionskonstante nach Reduktion auf + 76,0°	Zahl der Millimol Wasserstoffionen (H-Ionen), welche in 1 Liter der Lösung enthalten sind	
	Weinsäure		wasserfreiem Natriumbitartrat				
	Zahl der Liter, in denen ein Mol oder ein Gramm-Molekulargewicht der Weinsäure $C_4H_6O_6 = 150$ g enthalten ist	Prozentgehalt der Lösung an Weinsäure %	Zahl der Liter, in denen ein Mol oder ein Gramm-Molekulargewicht des Natriumbitartrats $C_4H_5O_6Na = 172$ g enthalten ist	Prozentgehalt der Lösung an wasserfreiem Natriumbitartrat %		gefunden	berechnet
1	2	3	4	5	6	7	8
21	10	1,5	100	0,17	0,0178	4,48	4,76
22	100	0,15	1000	0,017	0,00849	2,14	1,98
23	1000	0,015	10000	0,0017	0,00224	0,56	0,54

Aus den auf + 76,0° reduzierten Inversionskonstanten wurde durch Division mit 0,00397 die Wasserstoffionen-Konzentration in Millimol für 1 Liter Lösung berechnet. Die Zahlen finden sich in Rubrik 7. Außerdem wurde die Wasserstoffionen-Konzentration noch aus den Affinitätskonstanten der Weinsäure und der Konzentration des Natriumbitartrates berechnet. Diese Berechnung erfolgte analog derjenigen, welche wir zur Ermittelung der Wasserstoffionen-Konzentration der Lösungen von Essigsäure und Natriumacetat benutzten. Auch hierbei wurde die Dissoziation des Natriumbitartrates als vollständig angenommen. Die auf diese Weise berechneten Werte sind in der Rubrik 8 enthalten und stimmen mit den durch den Versuch ermittelten Werten befriedigend überein.

Nachdem wir den Einfluß der Salze auf die Dissoziation der gleichionigen Säuren und die gegenseitige Beeinflussung der Säuren untersucht hatten, gingen wir dazu über, die gewonnenen Erfahrungen auf den Wein zu übertragen.

10. Die geringe Abnahme des Säuregrades des Weines bei zunehmender Verdünnung mit Wasser.

Als wir den von uns zuerst untersuchten Geisenheimer Wein (1902) mit Wasser verdünnten, um den Einfluß der Verdünnung auf den Säuregrad zu ermitteln und auf diese Weise Anhaltspunkte für seine Zusammensetzung zu erhalten, stellte sich die merkwürdige Tatsache heraus, daß der Säuregrad nicht proportional der Verdünnung abnimmt, wie dies bei dem durch Titration ermittelten Säuregehalt der Fall ist, sondern daß der Wein bis zur Verdünnung auf die Hälfte fast unverändert sauer bleibt. Wir haben infolgedessen dieses Verhalten des Weines sehr eingehend studiert. Die Versuche hierüber sind auf den Tabellen 25 bis 40 verzeichnet.

Tabelle 25. Inversionsgeschwindigkeit des Geisenheimer Weines (1902).

Drehung des Weines vor dem Zuckerzusatz $+0{,}3°$ (Grade der Zuckerskala).

Datum	Tageszeit	Zeit ϑ in Minuten seit Beginn des Versuchs	Temperatur des Thermostaten °C.	Ablenkungswinkel (Grade der Zuckerskala)	Relative Konzentration des Rohrzuckers in der Lösung	Inversionskonstante $k = \dfrac{\log C_0 - \log C_\vartheta}{0{,}4343 \cdot \vartheta}$
1	2	3	4	5	6	7
17. 12. 03	12^{18} N.	0	$+75{,}40°$	$+19{,}3$	25,5	—
	12^{52} „	34	$+75{,}80°$	$+15{,}6$	21,8	0,00 461
	1^{12} „	54	$+75{,}80°$	$+13{,}6$	19,8	0,00 468
	1^{34} „	76	$+75{,}85°$	$+11{,}7$	17,9	0,00 465
	2^{00} „	102	$+75{,}80°$	$+9{,}5$	15,7	0,00 475
	2^{27} „	129	$+75{,}85°$	$+7{,}6$	13,8	0,00 476
	2^{52} „	154	$+75{,}85°$	$+6{,}2$	12,4	0,00 468
	3^{14} „	176	$+75{,}85°$	$+5{,}0$	11,2	0,00 468

Berechnete Enddrehung: $-6{,}2°$.   Mittelwert: **k = 0,00 470**

Tabelle 26. Inversionsgeschwindigkeit des Geisenheimer Weines (1902).

Drehung des Weines vor dem Zuckerzusatz $+0{,}3°$ (Grade der Zuckerskala).

Datum	Tageszeit	Zeit ϑ in Minuten seit Beginn des Versuchs	Temperatur des Thermostaten °C.	Ablenkungswinkel (Grade der Zuckerskala)	Relative Konzentration des Rohrzuckers in der Lösung	Inversionskonstante $k = \dfrac{\log C_0 - \log C_\vartheta}{0{,}4343 \cdot \vartheta}$
1	2	3	4	5	6	7
16. 12. 03	1^{15} N.	0	$+75{,}65°$	$+19{,}3$	25,50	—
	1^{40} „	25	$+75{,}75°$	$+16{,}65$	22,85	0,00 438
	2^{05} „	50	$+75{,}75°$	$+14{,}20$	20,40	0,00 446
	2^{26} „	71	$+75{,}78°$	$+12{,}10$	18,30	0,00 467
	2^{45} „	90	$+75{,}80°$	$+10{,}50$	16,70	0,00 470
	3^{10} „	115	$+75{,}80°$	$+8{,}65$	14,85	0,00 470
	3^{35} „	140	$+75{,}80°$	$+7{,}20$	13,40	0,00 460

Berechnete Enddrehung: $-6{,}2°$.   Mittelwert: **k = 0,00 467**

Tabelle 27. Inversionsgeschwindigkeit des mit Wasser verdünnten Geisenheimer Weines (1902).

Verdünnungsgrad: 90 ccm Wein $+$ 10 ccm Wasser.

Drehung des verdünnten Weines vor dem Zuckerzusatz $+0{,}13°$ (Grade der Zuckerskala).

Datum	Tageszeit	Zeit ϑ in Minuten seit Beginn des Versuchs	Temperatur des Thermostaten °C.	Ablenkungswinkel (Grade der Zuckerskala)	Inversionskonstante $k = \dfrac{\log C_0 - \log C_\vartheta}{0{,}4343 \cdot \vartheta}$
1	2	3	4	5	6
9. 3. 04	$1^{8,\text{m}}$ N.	0	$+76{,}0°$	$+19{,}3$	—
	$2^{43,7}$ „	95,7	$+76{,}0°$	$+9{,}87$	0,00 476
	$3^{21,3}$ „	133,3	$+76{,}0°$	$+7{,}32$	0,00 468

Mittelwert: **k = 0,00 472**

Tabelle 28. **Inversionsgeschwindigkeit des mit Wasser verdünnten Geisenheimer Weines (1902).**

Verdünnungsgrad: 80 ccm Wein + 20 ccm Wasser.

Datum	Tageszeit	Zeit ϑ in Minuten seit Beginn des Versuchs	Temperatur des Thermostaten °C.	Ablenkungswinkel (Grade der Zuckerskala)	Inversionskonstante $k = \dfrac{\log C_0 - \log C_\vartheta}{0{,}4343 \cdot \vartheta}$
1	2	3	4	5	6
24. 3. 04	12³⁴ N.	0	+76,20°	+19,38	—
	2¹²,⁹ „	98,9	+76,25°	+ 9,78	0,00 466
	3⁴ „	150	+76,25°	+ 6,36	0,00 463

Mittelwert k = **0,00 465**

Tabelle 29. **Inversionsgeschwindigkeit des mit Wasser verdünnten Geisenheimer Weines (1902).**

Verdünnungsgrad: 70 ccm Wein + 30 ccm Wasser.
Drehung des verdünnten Weines vor dem Zuckerzusatz + 0,1° (Grade der Zuckerskala).

Datum	Tageszeit	Zeit ϑ in Minuten seit Beginn des Versuchs	Temperatur des Thermostaten °C.	Ablenkungswinkel (Grade der Zuckerskala)	Inversionskonstante $k = \dfrac{\log C_0 - \log C_\vartheta}{0{,}4343 \cdot \vartheta}$
1	2	3	4	5	6
10. 3. 04	11⁷ V.	0	+75,9°	+19,38	—
	2¹⁰,⁸ N.	183,8	+75,9°	+ 4,58	0,00 459
	2⁵⁷,⁶ „	230,6	+75,9°	+ 2,41	0,00 459

Mittelwert k = **0,00 459**

Tabelle 30. **Inversionsgeschwindigkeit des mit Wasser verdünnten Geisenheimer Weines (1902).**

Verdünnungsgrad: 60 ccm Wein + 40 ccm Wasser.
Drehung des verdünnten Weines vor dem Zuckerzusatz + 0,09° (Grade der Zuckerskala).

Datum	Tageszeit	Zeit ϑ in Minuten seit Beginn des Versuchs	Temperatur des Thermostaten °C.	Ablenkungswinkel (Grade der Zuckerskala)	Inversionskonstante $k = \dfrac{\log C_0 - \log C_\vartheta}{0{,}4343 \cdot \vartheta}$
1	2	3	4	5	6
8. 3. 04	12⁴¹ N.	0	+75,8°	+19,34	—
	2¹²,⁹ „	91,9	+75,9°	+10,41	0,00 461
	2⁵⁶ „	135	+75,9°	+ 7,39	0,00 459

Mittelwert k = **0,00 460**

Tabelle 31. Inversionsgeschwindigkeit des mit Wasser verdünnten Geisenheimer Weines (1902).

Verdünnungsgrad: 50 ccm Wein + 50 ccm Wasser.
Drehung des verdünnten Weines vor dem Zuckerzusatz + 0,07° (Grade der Zuckerskala).

Datum	Tageszeit	Zeit ϑ in Minuten seit Beginn des Versuchs	Temperatur des Thermostaten °C.	Ablenkungswinkel (Grade der Zuckerskala)	Inversionskonstante $k = \dfrac{\log C_0 - \log C_\vartheta}{0{,}4343 \cdot \vartheta}$
1	2	3	4	5	6
4. 3. 04	1^{28} N.	0	+ 76,0°	+ 19,38	—
	$3^{5,7}$ „	97,7	+ 76,0°	+ 10,02	0,00 457
	$3^{29,3}$ „	121,3	+ 76,0°	+ 8,20	0,00 463

Mittelwert: k = **0,00 460**

Tabelle 32. Inversionsgeschwindigkeit des mit Wasser verdünnten Geisenheimer Weines (1902).

Verdünnungsgrad: 50 ccm Wein + 50 ccm Wasser.
Drehung des verdünnten Weines vor dem Zuckerzusatz +0,07° (Grade der Zuckerskala).

Datum	Tageszeit	Zeit ϑ in Minuten seit Beginn des Versuchs	Temperatur des Thermostaten °C.	Ablenkungswinkel (Grade der Zuckerskala)	Inversionskonstante $k = \dfrac{\log C_0 - \log C_\vartheta}{0{,}4343 \cdot \vartheta}$
1	2	3	4	5	6
5. 3. 04	11^{41} V.	0	+ 76,0°	+ 19,38	—
	$1^{18,3}$ N.	97,3	+ 76,0°	+ 10,08	0,00 455
	$2^{14,8}$ „	153,6	+ 76,0°	+ 6,28	0,00 456
	$3^{4,4}$ „	203,4	+ 76,0°	+ 3,65	0,00 457

Mittelwert: k = **0,00 456**

Tabelle 33. Inversionsgeschwindigkeit des mit Wasser verdünnten Geisenheimer Weines (1902).

Verdünnungsgrad: 40 ccm Wein + 60 ccm Wasser.
Drehung des verdünnten Weines vor dem Zuckerzusatz + 0,06° (Grade der Zuckerskala).

Datum	Tageszeit	Zeit ϑ in Minuten seit Beginn des Versuchs	Temperatur des Thermostaten °C.	Ablenkungswinkel (Grade der Zuckerskala)	Inversionskonstante $k = \dfrac{\log C_0 - \log C_\vartheta}{0{,}4343 \cdot \vartheta}$
1	2	3	4	5	6
8. 3. 04	12^{42} N.	0	+ 75,8°	+ 19,31	—
	$2^{37,6}$ „	115,6	+ 75,9°	+ 9,09	0,00 436
	$3^{18,5}$ „	156,5	+ 75,9°	+ 6,45	0,00 430

Mittelwert: k = **0,00 433**

Tabelle 34. Inversionsgeschwindigkeit des mit Wasser verdünnten
Geisenheimer Weines (1902).

Verdünnungsgrad: 30 ccm Wein + 70 ccm Wasser.
Drehung des verdünnten Weines vor dem Zuckerzusatz + 0,04° (Grade der Zuckerskala).

Datum	Tageszeit	Zeit ϑ in Minuten seit Beginn des Versuchs	Temperatur des Thermostaten °C.	Ablenkungswinkel (Grade der Zuckerskala)	Inversionskonstante $k = \dfrac{\log C_0 - \log C_\vartheta}{0{,}4343 \cdot \vartheta}$
1	2	3	4	5	6
10. 3. 04	11^6 V.	0	+75,9°	+19,29	—
	$1^{42,4}$ N.	156,4	+75,9°	+ 6,83	0,00 422
	$2^{32,7}$ „	206,7	+75,9°	+ 4,47	0,00 413

Mittelwert: = **0,00 418**

Tabelle 35. Inversionsgeschwindigkeit des mit Wasser verdünnten
Geisenheimer Weines (1902).

Verdünnungsgrad: 20 ccm Wein + 80 ccm Wasser.
Drehung des verdünnten Weines vor dem Zuckerzusatz + 0,03° (Grade der Zuckerskala).

Datum	Tageszeit	Zeit ϑ in Minuten seit Beginn des Versuchs	Temperatur des Thermostaten °C.	Ablenkungswinkel (Grade der Zuckerskala)	Inversionskonstante $k = \dfrac{\log C_0 - \log C_\vartheta}{0{,}4343 \cdot \vartheta}$
1	2	3	4	5	6
7. 3. 04	11^{57} V.	0	+76,0°	+19,28	—
	$1^{54,8}$ N.	117,8	+76,0°	+10,03	0,00 379
	2^{48} „	171	+76,0°	+ 6,85	0,00 385
	$3^{33,5}$ „	216,5	+76,0°	+ 4,72	0,00 384

Mittelwert: k = **0,00 383**

Tabelle 36. Inversionsgeschwindigkeit des mit Wasser verdünnten
Geisenheimer Weines (1902).

Verdünnungsgrad: 10 ccm Wein + 90 ccm Wasser.

Datum	Tageszeit	Zeit ϑ in Minuten seit Beginn des Versuchs	Temperatur des Thermostaten °C.	Ablenkungswinkel (Grade der Zuckerskala)	Inversionskonstante $k = \dfrac{\log C_0 - \log C_\vartheta}{0{,}4343 \cdot \vartheta}$
1	2	3	4	5	6
9. 3. 04	1^9 N.	0	+76,0°	+19,26	—
	$3^{2,6}$ „	113,6	+76,0°	+11,3	0,00 328
	$3^{37,9}$ „	148,9	+76,0°	+ 9,34	0,00 328

Mittelwert: k = **0,00 328**

Tabelle 37. Inversionsgeschwindigkeit des mit Wasser verdünnten
Geisenheimer Weines (1902).

Verdünnungsgrad: 6 ccm Wein + 94 ccm Wasser.
Drehung des verdünnten Weines vor dem Zuckerzusatz 0°.

Datum	Tageszeit	Zeit ϑ in Minuten seit Beginn des Versuchs	Temperatur des Thermostaten °C.	Ablenkungswinkel (Grade der Zuckerskala)	Inversionskonstante $k = \dfrac{\log C_0 - \log C_\vartheta}{0{,}4343 \cdot \vartheta}$
1	2	3	4	5	6
21.3.04	11^{32} V.	0	+75,9 °	+19,25	—
	$1^{35,2}$ N.	123,2	+76,05°	+12,24	0,00 261
	$2^{21,2}$ „	169,2	+76,05°	+ 9,74	0,00 274

Mittelwert: k = **0,00 268**

Tabelle 38. Inversionsgeschwindigkeit des mit Wasser verdünnten
Geisenheimer Weines (1902).

Verdünnungsgrad: 2 ccm Wein + 98 ccm Wasser.
Drehung des verdünnten Weines vor dem Zuckerzusatz 0°.

Datum	Tageszeit	Zeit ϑ in Minuten seit Beginn des Versuchs	Temperatur des Thermostaten °C.	Ablenkungswinkel (Grade der Zuckerskala)	Inversionskonstante $k = \dfrac{\log C_0 - \log C_\vartheta}{0{,}4343 \cdot \vartheta}$
1	2	3	4	5	6
21.3.04	11^{31} V.	0	+75,9 °	+19,25	—
	1^{8} N.	97	+76,05°	+15,36	0,00 173
	$1^{59,5}$ „	148,5	+76,05°	+13,45	0,00 174

Mittelwert: k = **0,00 174**

Tabelle 39. Inversionsgeschwindigkeit des mit Wasser verdünnten
Geisenheimer Weines (1902).

Verdünnungsgrad: 0,2 ccm Wein + 99,8 ccm Wasser.

Datum	Tageszeit	Zeit ϑ in Minuten seit Beginn des Versuchs	Temperatur des Thermostaten °C.	Ablenkungswinkel (Grade der Zuckerskala)	Inversionskonstante $k = \dfrac{\log C_0 - \log C_\vartheta}{0{,}4343 \cdot \vartheta}$
1	2	3	4	5	6
23.3.04	10^{31} V.	0	+76,0°	+19,58	—
	$1^{46,5}$ N.	195,5	+76,0°	+17,08	0,00 051
	3^{5} „	274,0	+76,0°	+16,18	0,00 051

Mittelwert: k = **0,00 051**

Tabelle 40. Inversionsgeschwindigkeit des destillierten Wassers.

Datum	Tageszeit	Zeit ϑ in Minuten seit Beginn des Versuchs	Temperatur des Thermostaten °C.	Ablenkungswinkel (Grade der Zuckerskala)	Inversionskonstante $k = \dfrac{\log C_0 - \log C_\vartheta}{0{,}4343 \cdot \vartheta}$
1	2	3	4	5	6
22. 3. 04	11⁵⁸ V.	0	+76,05°	+19,59	—
	2²¹,⁶ N.	143,6	+76,05°	+19,54	—
23. 3. 04	10⁵⁶,⁸ V.	1378,8	+76,0 °	+17,95	0,000 047

Mittelwert: k = **0,000 047**

Dieser geringe Säuregehalt des Wassers erklärt sich durch die spurenhafte Säurebildung bei dem mehrstündigen Erhitzen der wässerigen Zuckerlösung auf +76°.

Die Tabellen 25 und 26 enthalten die schon früher ausgeführten Versuche zur Feststellung des Säuregrades des unverdünnten Weines. Hierauf folgen die Verdünnungsversuche, wobei wir zunächst mit dem Zusatz von Wasser um je 10% stiegen, und dann Wein-Wassergemische untersuchten, die nur noch 6, 2 und 0,2 Raumprozente Wein enthielten. Zum Schluß prüften wir die Zuverlässigkeit unserer Versuchsanordnung, indem wir einen blinden Versuch mit destilliertem Wasser ausführten. Ein klares Bild von dem eigentümlichen Verhalten des Weines beim Verdünnen mit Wasser erhält man durch die Tabelle 41, auf welcher die Versuche 25 bis 40 nach Reduktion der Konstanten auf die Temperatur +76,0° übersichtlich zusammengestellt und durch Hinzufügen weiterer Angaben vervollständigt sind.

Tabelle 41. Die unverhältnismäßig geringe Abnahme des Säuregrades (der Wasserstoffionen-Konzentration) des Geisenheimer Weines (1902) bei zunehmender Verdünnung mit Wasser.

Übersicht über die in den Tabellen 25 bis 40 enthaltenen Versuche.

Nummer der Tabelle, in welcher der Versuch enthalten ist	Prozentgehalt des Wein-Wassergemisches an		Verdünnungs-Verhältnis von Wein zu Wasser	Säuregehalt des Gemisches, berechnet auf g Weinsäure in 1 Liter	Mittelwert d. Inversionskonstanten nach Reduktion auf +76,0°	Zahl der Millimol Wasserstoffionen (H-Ionen), welche in 1 Liter des Gemisches enthalten sind
	Alkohol	Wein				
	Raumprozente					
1	2	3	4	5	6	7
25	7,66	100,0	1 : 0	12,35	0,00 477	1,27
26	7,66	100,0	1 : 0	12,35	0,00 475	1,26
27	6,89	90,0	1 : 0,11	11,25	0,00 472	1,25
28	6,13	80,0	1 : 0,25	9,87	0,00 455	1,20
29	5,36	70,0	1 : 0,43	8,77	0,00 463	1,22
30	4,60	60,0	1 : 0,66	7,39	0,00 465	1,21
31	3,83	50,0	1 : 1	6,32	0,00 460	1,19
32	3,83	50,0	1 : 1	6,32	0,00 456	1,18
33	3,06	40,0	1 : 1,5	4,96	0,00 438	1,13
34	2,30	30,0	1 : 2,33	3,79	0,00 422	1,08
35	1,53	20,0	1 : 4	2,55	0,00 383	0,98
36	0,77	10,0	1 : 9	1,26	0,00 328	0,83
37	0,46	6,0	1 : 15,7	0,74	0,00 268	0,68
38	0,15	2,0	1 : 49	0,26	0,00 174	0,44
39	0,02	0,2	1 : 499	0,03	0,00 051	0,12
40	0	0	0	Wasser	0,00 0047	0,01

— 34 —

So enthalten die Rubriken 2 und 3 den jeweiligen Prozentgehalt des Weinwassergemisches an Alkohol und Wein, und Rubrik 5 den durch die jedesmalige Titration mit $^1/_4$ normaler Natronlauge ermittelten Säuregehalt. In Rubrik 7 ist schließlich der Gehalt der einzelnen Verdünnungen an Wasserstoffionen in Millimol für 1 Liter angegeben. Diese Berechnung bot insofern einige Schwierigkeiten, als die Inversionskonstante bis zu einem gewissen Grade vom Gehalt der Lösungen an Alkohol abhängig ist. Wie wir oben gesehen haben, hat eine rein wässerige Lösung, welche in 1 Liter 1 Millimol Wasserstoffionen enthält, bei $+76°$ die Inversionskonstante 0,00397. Nach Inversionsversuchen, die wir mit 500-litriger $=\frac{1}{500}$-normaler Salzsäure anstellten, welche 5, 10 und 20% Alkohol enthielt (vergl. Tabelle 46 auf Seite 64 der ersten Abhandlung), beträgt jene Inversionskonstante bei einem Gehalt von 5% Alkohol 0,00382 und von 10% Alkohol 0,00372. Unter Zugrundelegung dieser Zahlen und nach entsprechender Interpolation wurden die Wasserstoffionen-Konzentrationen der Rubrik 7 berechnet[1]). In Figur 4 (s. die Tafel) haben wir die wesentlichsten Ergebnisse der Tabelle 41, die Wasserstoffionen-Konzentration und den durch Titration ermittelten Säuregehalt, graphisch zur Anschauung gebracht. Wir sehen daraus, daß der Säuregrad des Weines bis zur Verdünnung auf die Hälfte nur ganz unbedeutend, von 1,27 auf 1,19 abnimmt. Dann beginnt die Kurve des Säuregrades etwas steiler abzufallen, jedoch besitzt ein Wein, der mit der 9-fachen Menge Wasser verdünnt ist, noch $^2/_3$ seines ursprünglichen Säuregrades. Im Gegensatze hierzu stellt die Kurve, die den titrimetrisch ermittelten Säuregehalt bedeutet, eine gerade Linie dar, so daß jedem Verdünnungsgrade eine proportionale Verminderung des Säuregehaltes entspricht. Wir sehen daraus auf das deutlichste, daß der Säuregrad und der Säuregehalt sehr verschieden sein können.

Da es zweckmäßig erschien, dieses merkwürdige Verhalten des Weines auch an anderen Weinen festzustellen, haben wir von einem Rüdesheimer und einem Senheimer Wein, die wir aus einer Berliner Weinhandlung bezogen hatten, den Säuregrad vor und nach der Verdünnung mit Wasser auf die Hälfte bestimmt. Diese Versuche sind auf den Tabellen 42—45 enthalten und auf der Tabelle 46 zusammengestellt. Außerdem wurden die Versuchsergebnisse in Figur 4 (s. die Tafel) graphisch dargestellt.

Tabelle 42. Inversionsgeschwindigkeit eines Rüdesheimer Weines.

Der Wein wurde von einer Berliner Weinhandlung bezogen.

Datum	Tageszeit	Zeit ϑ in Minuten seit Beginn des Versuchs	Temperatur des Thermostaten °C.	Ablenkungswinkel (Grade der Zuckerskala)	Inversionskonstante $k = \dfrac{\log C_0 - \log C_\vartheta}{0{,}4343 \cdot \vartheta}$
1	2	3	4	5	6
9. 4. 04	10^{28} V.	0	$+75{,}85°$	$+19{,}36$	—
	$12^{16,3}$ N.	108,3	$+75{,}9°$	$+14{,}64$	0,00 185
	$1^{16,7}$ „	168,7	$+75{,}9°$	$+12{,}39$	0,00 185
	$2^{24,3}$ „	236,3	$+75{,}9°$	$+10{,}04$	0,00 188

Mittelwert: k = **0,00 186**

[1]) Die für die Umrechnung jeweils benutzte Inversionskonstante für 1 Millimol Wasserstoffionen in 1 Liter ist aus folgender Zusammenstellung ersichtlich:

7,66	6,89	6,13	5,36	4,60	3,83	3,06	2,30	1,53	0,77	0,46	0,15	0,02	0	Raumprozente Alkohol
0,00377	378	380	381	383	386	388	390	392	395	396	397	397	397	Inversionskonstante

Tabelle 43. **Inversionsgeschwindigkeit des mit Wasser verdünnten Rüdesheimer Weines.**

Verdünnungsgrad: 50 ccm Wein + 50 ccm Wasser.

Datum	Tageszeit	Zeit ϑ in Minuten seit Beginn des Versuchs	Temperatur des Thermostaten °C.	Ablenkungswinkel (Grade der Zuckerskala)	Inversionskonstante $k = \dfrac{\log C_0 - \log C_\vartheta}{0{,}4343 \cdot \vartheta}$
1	2	3	4	5	6
9. 4. 04	10^{54} V.	0	+75,85°	+19,36	—
	$12^{39,4}$ N.	105,4	+75,9°	+14,58	0,00 193
	$1^{54,2}$ „	180,2	+75,8°	+11,73	0,00 193
	$2^{50,7}$ „	237,2	+75,9°	+ 9,79	0,00 194

Mittelwert: k = **0,00 193**

Tabelle 44. **Inversionsgeschwindigkeit eines Senheimer Weines.**

Der Wein wurde von einer Berliner Weinhandlung bezogen.
Drehung des Weines vor dem Zuckerzusatz + 0,25° (Grade der Zuckerskala).

Datum	Tageszeit	Zeit ϑ in Minuten seit Beginn des Versuchs	Temperatur des Thermostaten °C.	Ablenkungswinkel (Grade der Zuckerskala)	Inversionskonstante $k = \dfrac{\log C_0 - \log C_\vartheta}{0{,}4343 \cdot \vartheta}$
1	2	3	4	5	6
28. 6. 04	9^{22} V.	0	+76,2°	+19,20	—
	$10^{54,7}$ „	92,7	+76,2°	+15,35	0,00 175
	$11^{26,5}$ „	124,5	+76,2°	+14,14	0,00 176
	11^{58} „	156	+76,2°	+13,07	0,00 174

Mittelwert: k = **0,00 175**

Tabelle 45. **Inversionsgeschwindigkeit des mit Wasser verdünnten Senheimer Weines.**

Verdünnungsgrad: 50 ccm Wein + 50 ccm Wasser.
Drehung des verdünnten Weines vor dem Zuckerzusatz + 0,12° (Grade der Zuckerskala).

Datum	Tageszeit	Zeit ϑ in Minuten seit Beginn des Versuchs	Temperatur des Thermostaten °C.	Ablenkungswinkel (Grade der Zuckerskala)	Inversionskonstante $k = \dfrac{\log C_0 - \log C_\vartheta}{0{,}4343 \cdot \vartheta}$
1	2	3	4	5	6
2. 7. 04	10^{45} V.	0	+76,1°	+19,18	—
	$12^{17,5}$ N.	92,5	+76,1°	+15,37	0,00 174
	$12^{46,2}$ „	121,2	+76,1°	+14,09	0,00 182
	$1^{19,1}$ „	154,1	+76,1°	+12,86	0,00 183
	$1^{48,6}$ „	183,6	+76,1°	+11,95	0,00 180

Mittelwert: k = **0,00 180**

Tabelle 46. Die annähernde Konstanz des Säuregrades (der Wasserstoffionen-Konzentration) des Rüdesheimer und Senheimer Weines bei Verdünnung mit gleichen Raumteilen Wasser.

Übersicht über die in den Tabellen 42 bis 45 enthaltenen Versuche.

Nummer der Tabelle, in welcher der Versuch enthalten ist	Bezeichnung des Weines	Prozentgehalt des Wein-Wassergemisches an Wein (Raumprozente)	Verdünnungs-Verhältnis von Wein zu Wasser	Säuregehalt des Gemisches, berechnet auf g Weinsäure in 1 Liter	Mittelwert d. Inversionskonstanten nach Reduktion auf + 76,0°	Zahl der Millimol Wasserstoffionen (H·Ionen), welche in 1 Liter des Gemisches enthalten sind
1	2	3	4	5	6	7
42	Rüdesheimer	100	1:0	5,32	0,00 188	0,50
43	"	50	1:1	2,66	0,00 195	0,51
44	Senheimer	100	1:0	5,70	0,00 172	0,45
45	"	50	1:1	2,85	0,00 178	0,46

Die Werte in Spalte 7 wurden berechnet unter Zugrundelegung eines Alkoholgehalts von 7,5 Vol.-% in den unverdünnten und von 3,75 Vol.-% in den verdünnten Weinen.

Bei beiden Weinen, deren Säuregrad noch nicht die Hälfte des Geisenheimer Weines beträgt, fand bei der Verdünnung mit der gleichen Raummenge Wasser nicht nur keine Verminderung des Säuregrades, sondern vielmehr eine, wenn auch nur sehr geringe Vermehrung desselben statt.

Auf Grund der älteren chemischen Anschauungen war es nicht möglich, für diese Tatsachen eine einwandfreie Erklärung zu geben. Mit Hilfe der modernen Theorien der Lösungen und insbesondere auf Grund der von uns mit den Säuren des Weines angestellten Versuche sind wir sehr wohl in der Lage, das merkwürdige Verhalten des Weines beim Verdünnen mit Wasser aufzuklären. Im Wein sind verschiedene Säuren und ihre Salze enthalten, so daß der Säuregrad d. h. die Konzentration der Wasserstoffionen als das Produkt der gegenseitigen Beeinflussung dieser mehr oder weniger weitgehend dissoziierten Stoffe aufgefaßt werden kann. Wie wir gesehen haben, nimmt der elektrolytische Dissoziationsgrad der Säuren des Weines mit steigender Verdünnung zu, während die Konzentration der Ionen der Salze ungefähr proportional der Verdünnung abnimmt, da sie schon in mäßigen Konzentrationen weitgehend dissoziiert sind. Die Folge davon muß sein, daß die relative Vermehrung der Wasserstoffionen durch die Zunahme des Dissoziationsgrades der Säuren und durch die Verminderung der Salzionen dieser Säuren, welche ebenfalls eine Vermehrung der Wasserstoffionen zur Folge hat, die durch die Verdünnung bedingte Herabsetzung der Wasserstoffionen-Konzentration mehr oder weniger ausgleicht. Zum Beweise dafür, daß dies der Fall ist, können die Versuche dienen, welche wir anstellten, um die Rückdrängung der Dissoziation der Weinsäure durch Natriumbitartrat zu zeigen. Wie aus der Zusammenstellung dieser Versuche auf der Tabelle 24 hervorgeht, beträgt die Wasserstoffionen-Konzentration in 1 Liter Lösung, welche in bezug auf die Weinsäure 10-litrig und in bezug auf das Natriumbitartrat 100-litrig ist, 4,48 Millimol. Die 10-fach verdünnte Lösung hat eine Wasserstoffionen-Konzentration von 2,14 Millimol, also nur etwas weniger als die Hälfte, und die 100-fach verdünnte Lösung hat eine Wasserstoffionen-Konzentration von 0,56 Millimol, also nur den achten Teil des ursprünglichen Betrages.

Wir haben ferner die Zusammensetzung einer Lösung, welche ein Gemisch von Essigsäure und Natriumacetat enthält, berechnet, deren Wasserstoffionengehalt beim Verdünnen mit Wasser noch weniger abnimmt. Diese Lösung, welche in bezug auf die Essigsäure 10-litrig $= \frac{1}{10}$-normal und in bezug auf das Natriumacetat 100-litrig $= \frac{1}{100}$-normal ist, wurde mit Wasser auf das 10-fache und 100-fache Volum verdünnt. Die Bestimmungen der Inversionskonstanten sind auf den Tabellen 47, 48 und 49 enthalten und auf der Tabelle 50 zusammengestellt.

Tabelle 47. Inversionsgeschwindigkeit eines Gemisches von Essigsäure und Natriumacetat in wässeriger Lösung.

Die Lösung war in bezug auf Essigsäure 10-litrig.
„   „   „   „   „   „ Natriumacetat 100-litrig.

Datum	Tageszeit	Zeit ϑ in Minuten seit Beginn des Versuchs	Temperatur des Thermostaten °C.	Ablenkungswinkel (Grade der Zuckerskala)	Relative Konzentration des Rohrzuckers in der Lösung	Inversionskonstante $k = \dfrac{\log C_0 - \log C_\vartheta}{0{,}4343 \cdot \vartheta}$
1	2	3	4	5	6	7
25. 8. 04	9⁵⁵ V.	0	+76,2°	+19,26	25,81	—
	11²⁹,⁶ „	94,6	+76,2°	+17,82	24,37	0,000 606
	11⁵⁷,⁶ „	122,6	+76,2°	+17,28	23,83	0,000 650
	12⁵⁶,⁶ N.	181,6	+76,2°	+16,41	22,96	0,000 643
	1⁵⁶,⁸ „	241,8	+76,2°	+15,58	22,13	0,000 634

Berechnete Enddrehung: — 6,55°   Mittelwert: k = **0,000 633**

Tabelle 48. Inversionsgeschwindigkeit eines Gemisches von Essigsäure und Natriumacetat in wässeriger Lösung.

Die Lösung war in bezug auf Essigsäure 100-litrig.
„   „   „   „   „   „ Natriumacetat 1000-litrig.

Datum	Tageszeit	Zeit ϑ in Minuten seit Beginn des Versuchs	Temperatur des Thermostaten °C.	Ablenkungswinkel (Grade der Zuckerskala)	Relative Konzentration des Rohrzuckers in der Lösung	Inversionskonstante $k = \dfrac{\log C_0 - \log C_\vartheta}{0{,}4343 \cdot \vartheta}$
1	2	3	4	5	6	7
26. 8. 04	9²⁵ V.	0	+76,4°	+19,27	25,82	—
	10⁵⁵ „	90	+76,4°	+18,23	24,78	0,000 455
	11²⁵ „	120	+76,4°	+17,95	24,50	0,000 436
	12²⁷,⁸ N.	182,8	+76,5°	+17,23	23,78	0,000 450
	1³²,⁸ „	247,8	+76,5°	+16,50	23,05	0,000 458

Berechnete Enddrehung: — 6,55°   Mittelwert: k = **0,000 450**

Tabelle 49. Inversionsgeschwindigkeit eines Gemisches von Essigsäure
und Natriumacetat in wässeriger Lösung.

Die Lösung war in bezug auf Essigsäure 1000-litrig.
" " " " " " Natriumacetat 10000-litrig.

Datum	Tageszeit	Zeit ϑ in Minuten seit Beginn des Versuchs	Temperatur des Thermostaten ° C.	Ablenkungswinkel (Grade der Zuckerskala)	Relative Konzentration des Rohrzuckers in der Lösung	Inversionskonstante $k = \dfrac{\log C_0 - \log C_\vartheta}{0{,}4343 \cdot \vartheta}$
1	2	3	4	5	6	7
26.8.04	11^{44} V.	0	+76,4°	+19,35	25,93	—
	$1^{13,8}$ N.	89,8	+76,5°	+18,84	25,42	0,000 221
	2^{16} „	152	+76,5°	+18,49	25,07	0,000 222
	$2^{59,5}$ „	195,5	+76,5°	+18,19	24,77	0,000 234
	$3^{17,6}$ „	213,6	+76,5°	+18,16	24,74	0,000 220

Berechnete Enddrehung: — 6,58 ° Mittelwert: k = **0,000 224**

Tabelle 50. Die unverhältnismäßig geringe Abnahme des Säuregrades (der Wasserstoffionen-Konzentration) einer wässerigen Lösung von Essigsäure und Natriumacetat bei zunehmender Verdünnung mit Wasser.

Übersicht über die in den Tabellen 47 bis 49 enthaltenen Versuche.

Nummer der Tabelle, in welcher der Versuch enthalten ist	Gehalt der Lösung an				Mittelwert der Inversionskonstanten nach Reduktion auf +76,0°	Zahl der Millimol Wasserstoffionen (H-Ionen), welche in 1 Liter der Lösung enthalten sind	
	Essigsäure		wasserfreiem Natriumacetat				
	Zahl der Liter, in denen ein Mol oder ein Grammmolekulargewicht der Essigsäure $CH_3 \cdot COOH =$ 60 g enthalten ist	Prozentgehalt der Lösung an Essigsäure %	Zahl der Liter, in denen ein Mol oder ein Grammmolekulargewicht des Natriumacetats $CH_3 \cdot COONa =$ 82 g enthalten ist	Prozentgehalt der Lösung an wasserfreiem Natriumacetat %		gefunden	berechnet
1	2	3	4	5	6	7	8
47	10	0,6	100	0,082	0,000 622	0,16	0,15
48	100	0,06	1000	0,0082	0,000 432	0,11	0,13
49	1000	0,006	10 000	0,00082	0,000 214	0,054	0,078

Wie aus den gefundenen Werten hervorgeht, beträgt die anfängliche Konzentration der Wasserstoffionen 0,16 Millimol, in der 10-fachen Verdünnung geht sie auf 0,11 Millimol, also nur auf etwa $^2/_3$, und bei der 100-fachen Verdünnung auf 0,054 Millimol, also nur auf $^1/_3$ der anfänglichen Konzentration herunter. Gleichzeitig sei bemerkt, daß auch hier die berechneten Werte für die Wasserstoffionen-Konzentration gut mit den durch den Versuch ermittelten übereinstimmen.

11. Der Einfluß des Zusatzes organischer Salze auf den Säuregrad des Weines.

Setzen wir zum Wein das Salz einer organischen Säure, so kann dadurch seine Wasserstoffionen-Konzentration je nach der Natur der Säure in verschiedener

Weise beeinflußt werden. Handelt es sich um das Salz einer Säure, welche im Wein enthalten ist, so werden die mit dem Salz in den Wein gelangenden Säureionen eine Rückdrängung der Dissoziation der betreffenden Säure veranlassen, und der Säuregrad des Weines wird zurückgehen. Salze, deren Säureion nicht im Wein enthalten ist, werden einen solchen rückdrängenden Einfluß dagegen nicht ausüben können. In beiden Fällen aber wird die Stärke der Säure des zugesetzten Salzes eine wichtige Rolle spielen. Im allgemeinen wird die Konzentration der Wasserstoffionen in einer Lösung nach dem Zusatz eines Salzes nicht größer sein, als es der Dissoziationsgrad von dessen Säure zuläßt, wobei noch zu berücksichtigen ist, daß der Dissoziationsgrad schwacher und mittelstarker Säuren durch die Gegenwart ihrer Salze noch erheblich herabgesetzt werden kann. Die Verhältnisse gestalten sich demnach ziemlich verwickelt, und wir haben uns zunächst nur darauf beschränkt, zu dem Geisenheimer Wein (1902), mit welchem wir die Mehrzahl unserer Versuche ausgeführt haben, verschiedene Salze zuzusetzen und die Wasserstoffionen-Konzentration zu bestimmen.

Wir verfuhren dabei in der Weise, daß wir mit Ausnahme des Chlornatriums die Salze nicht direkt im Wein auflösten, was wegen der lokalen Anhäufung der Stoffe während des Lösens leicht eine Ausfällung oder eine sonstige Störung des Gleichgewichtes hätte bewirken können, sondern wir setzten die Salze in Form einer konzentrierten Lösung, deren Volum bei allen Versuchen das gleiche war, unter gutem Umrühren zu. Dieses Volum betrug immer 5% des Gemisches. Diese Versuche sind auf den Tabellen 51—63 enthalten und auf der Tabelle 64 nach Reduktion der Konstanten auf die Temperatur $+76{,}0°$ übersichtlich zusammengestellt.

Tabelle 51. Inversionsgeschwindigkeit von Geisenheimer Wein (1902) nach Zusatz von ungefähr 5% Wasser.

Zu 25 g Rohrzucker wurden 12,5 ccm Wasser hinzugefügt und das Gemisch auf 250 ccm mit Geisenheimer Wein (1902) aufgefüllt.

Drehung des verdünnten Weines vor dem Zuckerzusatz $+0{,}15°$ (Grade der Zuckerskala).

Datum	Tageszeit	Zeit ϑ in Minuten seit Beginn des Versuchs	Temperatur des Thermostaten °C.	Ablenkungswinkel (Grade der Zuckerskala)	Inversionskonstante $k = \dfrac{\log C_0 - \log C_\vartheta}{0{,}4343 \cdot \vartheta}$
1	2	3	4	5	6
2. 2. 04	11^{18} V.	0	$+75{,}7°$	$+19{,}4$	—
	12^{7} N.	49	$+75{,}7°$	$+14{,}55$	0,00 425
	12^{47} „	89	$+75{,}7°$	$+11{,}09$	0,00 437
	$1^{17,2}$ „	119,2	$+75{,}7°$	$+9{,}0$	0,00 438
	$2^{12,7}$ „	174,7	$+75{,}6°$	$+5{,}7$	0,00 433
	$2^{37,6}$ „	199,6	$+75{,}6°$	$+4{,}45$	0,00 434

Mittelwert: k = **0,00 434**

Tabelle 52. Inversionsgeschwindigkeit von Geisenheimer Wein (1902) nach Zusatz von ungefähr 5% Wasser.

Zu 25 g Rohrzucker wurden 12,5 ccm Wasser hinzugefügt und das Gemisch auf 250 ccm mit Geisenheimer Wein (1902) aufgefüllt.

Datum	Tageszeit	Zeit ϑ in Minuten seit Beginn des Versuchs	Temperatur des Thermostaten °C.	Ablenkungswinkel (Grade der Zuckerskala)	Inversionskonstante $k = \dfrac{\log C_0 - \log C_\vartheta}{0{,}4343 \cdot \vartheta}$
1	2	3	4	5	6
13. 4. 04	11² V.	0	+76,0°	+19,36	—
	12³⁶,⁹ N.	94,9	+76,0°	+10,31	0,00 452
	1¹⁹,³ „	137,3	+76,0°	+ 7,44	0,00 448
	2²,⁸ „	180,8	+76,0°	+ 5,01	0,00 445
	2³³,⁹ „	211,9	+76,0°	+ 3,52	0,00 445

Mittelwert: k = **0,00 448**

Tabelle 53. Inversionsgeschwindigkeit von Geisenheimer Wein (1902) nach Zusatz von Natriumacetat.

Das in 12,5 ccm Wasser gelöste Natriumacetat wurde nach Zusatz von 25 g Rohrzucker im Meßkölbchen mit Wein auf 250 ccm aufgefüllt.

Die Lösung war in bezug auf Natriumacetat 100·litrig = $\dfrac{1}{100}$·normal = 0,08%ig.

Datum	Tageszeit	Zeit ϑ in Minuten seit Beginn des Versuchs	Temperatur des Thermostaten °C.	Ablenkungswinkel (Grade der Zuckerskala)	Inversionskonstante $k = \dfrac{\log C_0 - \log C_\vartheta}{0{,}4343 \cdot \vartheta}$
1	2	3	4	5	6
28. 1. 04	12⁷ N.	0	+76,05°	+19,4	—
	1⁵³,⁸ „	106,8	+76,0°	+11,65	0,00 338
	2²²,⁵ „	135,5	+76,0°	+ 9,85	0,00 344
	3⁶,⁸ „	179,8	+76,0°	+ 7,75	0,00 338
	3²⁸ „	201	+76,0°	+ 6,7	0,00 341

Mittelwert: k = **0,00 340**

Tabelle 54. Inversionsgeschwindigkeit von Geisenheimer Wein (1902) nach Zusatz von Natriumacetat.

Das in 12,5 ccm Wasser gelöste Natriumacetat wurde nach Zusatz von 25 g Rohrzucker im Meßkölbchen mit Wein auf 250 ccm aufgefüllt.

Die Lösung war in bezug auf Natriumacetat 50·litrig = $\dfrac{1}{50}$·normal = 0,16%ig.

Datum	Tageszeit	Zeit ϑ in Minuten seit Beginn des Versuchs	Temperatur des Thermostaten °C.	Ablenkungswinkel (Grade der Zuckerskala)	Inversionskonstante $k = \dfrac{\log C_0 - \log C_\vartheta}{0{,}4343 \cdot \vartheta}$
1	2	3	4	5	6
3. 2. 04	10⁵⁴ V.	0	+75,3°	+19,4	—
	12³ N.	69	+75,5°	+15,34	0,00 248
	12⁵¹,⁵ „	117,5	+75,5°	+12,74	0,00 254
	1⁵⁴,⁸ „	183,8	+75,5°	+ 9,8	0,00 253
	3¹⁶ „	262	+75,5°	+ 7,0	0,00 250

Mittelwert: k = **0,00 251**

Tabelle 55. Inversionsgeschwindigkeit von Geisenheimer Wein (1902)
nach Zusatz von Natriumlactat.

Das in 12,5 ccm Wasser gelöste Natriumlactat wurde nach Zusatz von 25 g Rohrzucker
im Meßkölbchen mit Wein auf 250 ccm aufgefüllt.

Die Lösung war in bezug auf Natriumlactat 50-litrig = $\frac{1}{50}$·normal = 0,22%ig.

Drehung des verdünnten Weines vor dem Zuckerzusatz + 0,15° (Grade der Zuckerskala).

Datum	Tageszeit	Zeit ϑ in Minuten seit Beginn des Versuchs	Temperatur des Thermostaten °C.	Ablenkungswinkel (Grade der Zuckerskala)	Inversionskonstante $k = \frac{\log C_0 - \log C_\vartheta}{0,4343 \cdot \vartheta}$
1	2	3	4	5	6
5. 2. 04	11^{56} V.	0	+ 75,7°	+ 19,40	—
	1^9 N.	73	+ 75,6°	+ 15,33	0,00 235
	1^{49,3} „	113,3	+ 75,6°	+ 13,17	0,00 244
	2^{34,8} „	158,8	+ 75,6°	+ 11,06	0,00 246
	3^{19,5} „	203,5	+ 75,6°	+ 9,20	0,00 247

Mittelwert: k = **0,00 246**

Tabelle 56. Inversionsgeschwindigkeit von Geisenheimer Wein (1902)
nach Zusatz von äpfelsaurem Natrium.

Das in 12,5 ccm Wasser gelöste äpfelsaure Natrium wurde nach Zusatz von 25 g Rohrzucker
im Meßkölbchen mit Wein auf 250 ccm aufgefüllt.

Die Lösung war in bezug auf neutrales äpfelsaures Natrium 50-litrig = $\frac{1}{25}$·normal = 0,36%ig.

Datum	Tageszeit	Zeit ϑ in Minuten seit Beginn des Versuchs	Temperatur des Thermostaten °C.	Ablenkungswinkel (Grade der Zuckerskala)	Inversionskonstante $k = \frac{\log C_0 - \log C_\vartheta}{0,4343 \cdot \vartheta}$
1	2	3	4	5	6
15. 2. 04	12^{15,5} N.	0	+ 74,95°	+ 19,4	—
	1^{43,1} „	87,6	+ 74,85°	+ 15,97	0,00 163
	2^{19,8} „	124,8	+ 74,85°	+ 14,6	0,00 165

Mittelwert: k = **0,00 164**

Tabelle 57. Inversionsgeschwindigkeit von Geisenheimer Wein (1902)
nach Zusatz von äpfelsaurem Kalium.

Das in 12,5 ccm Wasser gelöste äpfelsaure Kalium wurde nach Zusatz von 25 g Rohrzucker im
Meßkölbchen mit Wein auf 250 ccm aufgefüllt.

Die Lösung war in bezug auf neutrales äpfelsaures Kalium 50-litrig = $\frac{1}{25}$·normal = 0,42%ig.

Drehung des verdünnten Weines vor dem Zuckerzusatz + 0,15° (Grade der Zuckerskala).

Datum	Tageszeit	Zeit ϑ in Minuten seit Beginn des Versuchs	Temperatur des Thermostaten °C.	Ablenkungswinkel (Grade der Zuckerskala)	Inversionskonstante $k = \frac{\log C_0 - \log C_\vartheta}{0,4343 \cdot \vartheta}$
1	2	3	4	5	6
6. 2. 04	12^{50} N.	0	+ 75,4°	+ 19,4	—
	1^{54,5} „	64,5	+ 75,4°	+ 16,75	0,00168
	2^{30} „	100	+ 75,4°	+ 15,23	0,00 176
	3^2 „	132	+ 75,4°	+ 14,10	0,00 174
	3^{26,2} „	156,2	+ 75,4°	+ 13,10	0,00 179

Mittelwert: k = **0,00 176**

Tabelle 58. **Inversionsgeschwindigkeit von Geisenheimer Wein (1902) nach Zusatz von neutralem weinsaurem Natrium.**

Das in 12,5 ccm Wasser gelöste neutrale weinsaure Natrium wurde nach Zusatz von 25 g Rohrzucker im Meßkölbchen mit Wein auf 250 ccm aufgefüllt.

Die Lösung war in bezug auf neutrales weinsaures Natrium 50-litrig $= \frac{1}{25}$-normal $= 0{,}89\,\%$ig.

Datum	Tageszeit	Zeit ϑ in Minuten seit Beginn des Versuchs	Temperatur des Thermostaten °C.	Ablenkungswinkel (Grade der Zuckerskala)	Inversionskonstante $k = \dfrac{\log C_0 - \log C_\vartheta}{0{,}4343 \cdot \vartheta}$
1	2	3	4	5	6
9. 2. 04	$10^{52{,}5}$ V.	0	$+75{,}1°$	$+19{,}4$	—
	$11^{22{,}7}$ „	90,2	$+75{,}1°$	$+14{,}11$	0,00 254
	$1^{16{,}3}$ N.	143,8	$+75{,}1°$	$+11{,}5$	0,00 254

Mittelwert: **k = 0,00 254**

Tabelle 59. **Inversionsgeschwindigkeit von Geisenheimer Wein (1902) nach Zusatz von saurem weinsaurem Natrium.**

Das in 12,5 ccm Wasser gelöste saure weinsaure Natrium wurde nach Zusatz von 25 g Rohrzucker im Meßkölbchen mit Wein auf 250 ccm aufgefüllt.

Die Lösung war in bezug auf saures weinsaures Natrium 50-litrig $= \frac{1}{50}$-normal $= 0{,}84\,\%$ig.

Datum	Tageszeit	Zeit ϑ in Minuten seit Beginn des Versuchs	Temperatur des Thermostaten °C.	Ablenkungswinkel (Grade der Zuckerskala)	Inversionskonstante $k = \dfrac{\log C_0 - \log C_\vartheta}{0{,}4343 \cdot \vartheta}$
1	2	3	4	5	6
11. 2. 04	12^{4} N.	0	$+74{,}7°$	$+19{,}4$	—
	$1^{20{,}6}$ „	76,6	$+74{,}68°$	$+14{,}06$	0,00 303
	$2^{10{,}7}$ „	126,7	$+74{,}75°$	$+11{,}1$	0,00 306

Mittelwert: **k = 0,00 305**

Tabelle 60. **Inversionsgeschwindigkeit von Geisenheimer Wein (1902) nach Zusatz von salicylsaurem Natrium.**

Das in 12,5 ccm Wasser gelöste salicylsaure Natrium wurde nach Zusatz von 25 g Rohrzucker im Meßkölbchen mit Wein auf 250 ccm aufgefüllt.

Die Lösung war in bezug auf salicylsaures Natrium 50-litrig $= \frac{1}{50}$-normal $= 0{,}88\,\%$ig.

Datum	Tageszeit	Zeit ϑ in Minuten seit Beginn des Versuchs	Temperatur des Thermostaten °C.	Ablenkungswinkel (Grade der Zuckerskala)	Inversionskonstante $k = \dfrac{\log C_0 - \log C_\vartheta}{0{,}4343 \cdot \vartheta}$
1	2	3	4	5	6
13. 2. 04	12^{5} N.	0	$+75{,}3°$	$+19{,}4$	—
	$1^{28{,}1}$ „	83,1	$+75{,}3°$	$+13{,}42$	0,00 318
	$2^{11{,}3}$ „	126,3	$+75{,}3°$	$+10{,}84$	0,00 319
	$2^{49{,}5}$ „	164,5	$+75{,}3°$	$+8{,}77$	0,00 322

Mittelwert: **k = 0,00 320**

Tabelle 61. Inversionsgeschwindigkeit von Geisenheimer Wein (1902) nach Zusatz von monochloressigsaurem Natrium.

Das in 12,5 ccm Wasser gelöste monochloressigsaure Natrium wurde nach Zusatz von 25 g Rohrzucker im Meßkölbchen mit Wein auf 250 ccm aufgefüllt.

Die Lösung war in bezug auf monochloressigsaures Natrium 50-litrig = $\frac{1}{50}$·normal = 0,24%ig.

Datum	Tageszeit	Zeit ϑ in Minuten seit Beginn des Versuchs	Temperatur des Thermostaten °C.	Ablenkungswinkel (Grade der Zuckerskala)	Inversionskonstante $k = \dfrac{\log C_0 - \log C_\vartheta}{0{,}4343 \cdot \vartheta}$
1	2	3	4	5	6
24. 2. 04	12⁵⁵ N.	0	+75,9°	+19,4	—
	2³²,⁹ „	97,9	+75,9°	+11,71	0,00 361
	3⁶,⁸ „	131,8	+75,9°	+ 9,8	0,00 353

Mittelwert: k = **0,00 357**

Tabelle 62. Inversionsgeschwindigkeit von Geisenheimer Wein (1902) nach Zusatz von dichloressigsaurem Natrium.

Das in 12,5 ccm Wasser gelöste dichloressigsaure Natrium wurde nach Zusatz von 25 g Rohrzucker im Meßkölbchen mit Wein auf 250 ccm aufgefüllt.

Die Lösung war in bezug auf dichloressigsaures Natrium 50-litrig = $\frac{1}{50}$·normal = 0,30%ig.

Datum	Tageszeit	Zeit ϑ in Minuten seit Beginn des Versuchs	Temperatur des Thermostaten °C.	Ablenkungswinkel (Grade der Zuckerskala)	Inversionskonstante $k = \dfrac{\log C_0 - \log C_\vartheta}{0{,}4343 \cdot \vartheta}$
1	2	3	4	5	6
23. 2. 04	12⁴⁰ N.	0	+75,75°	+19,41	—
	2¹⁸,² „	98,2	+75,8°	+10,21	0,00 448
	2⁵⁵,⁵ „	135,5	+75,8°	+ 7,82	0,00 439
	3²⁷,⁶ „	167,6	+75,8°	+ 5,76	0,00 448

Mittelwert: k = **0,00 445**

Tabelle 63. Inversionsgeschwindigkeit von Geisenheimer Wein (1902) nach Zusatz von Chlornatrium.

In Wein wurde soviel Chlornatrium gelöst, daß eine 50-litrige = $\frac{1}{50}$·normale = 0,12%ige Lösung entstand.

Datum	Tageszeit	Zeit ϑ in Minuten seit Beginn des Versuchs	Temperatur des Thermostaten °C.	Ablenkungswinkel (Grade der Zuckerskala)	Inversionskonstante $k = \dfrac{\log C_0 - \log C_\vartheta}{0{,}4343 \cdot \vartheta}$
1	2	3	4	5	6
10. 2. 04	11⁵² V.	0	+74,8°	+19,4	—
	1⁵,³ N.	73,3	+74,8°	+12,25	0,00 443
	2⁵ „	133	+74,8°	+ 7,86	0,00 446
	2⁵¹ „	179	+74,8°	+ 5,16	0,00 449

Mittelwert: k = **0,00 446**

Tabelle 64. Verminderung des Säuregrades (der H-Ionen-Konzentration) von Geisenheimer Wein (1902) durch Zusatz verschiedener Salze.
Übersicht über die in den Tabellen 51—63 enthaltenen Versuche.

Nummer der Tabelle, in welcher der Versuch enthalten ist	Salzzusatz	Formel des Salzes	Gehalt des Weines an wasserfreiem Salz		Mittelwert der Inversionskonstanten nach Reduktion auf $+76°$	Zahl der Millimol Wasserstoffionen (H-Ionen), welche in 1 Liter der Lösung enthalten sind	Affinitätskonstante der betreffenden Säure bei $+25°$
			Zahl der Liter, in denen ein Gramm-Molekulargewicht des Salzes enthalten ist	Prozentgehalt des Weines an wasserfreiem Salz %			
1	2	3	4	5	6	7	8
51	Wein ohne Salzzusatz	—	—	—	0,00 448	1,11	—
52	Wein ohne Salzzusatz	—	—	—	0,00 448	1,11	—
53	Essigsaures Natrium	CH_3COONa	100	0,08	0,00 340	0,90	0,0018
54	Essigsaures Natrium	CH_3COONa	50	0,16	0,00 262	0,69	0,0018
55	Milchsaures Natrium	$C_2H_5O \cdot COONa$	50	0,22	0,00 255	0,68	0,0138
56	Neutrales äpfelsaures Natrium	$C_2H_4O \cdot (COONa)_2$	50	0,36	0,00 181	0,48	0,0395
57	Neutrales äpfelsaures Kalium	$C_2H_4O \cdot (COOK)_2$	50	0,42	0,00 186	0,49	0,0395
58	Neutrales weinsaures Natrium	$C_2H_4O_2 \cdot (COONa)_2$	50	0,39	0,00 275	0,73	0,097
59	Saures weinsaures Natrium	$C_3H_5O_4 \cdot COONa$	50	0,34	0,00 340	0,90	0,097
60	Salicylsaures Natrium	$C_6H_4OH \cdot COONa$	50	0,38	0,00 340	0,90	0,102
61	Monochloressigsaures Natrium	$CH_2Cl \cdot COONa$	50	0,24	0,00 360	0,95	0,155
62	Dichloressigsaures Natrium	$CHCl_2 \cdot COONa$	50	0,30	0,00 453	1,12	5,14
63	Chlornatrium	$ClNa$	50	0,12	0,00 494	1,31	—

In der Rubrik 7 sind die aus den Inversionskonstanten berechneten Wasserstoffionen-Konzentrationen enthalten und in Rubrik 8 sind aus dem oben dargelegten Grunde die Affinitätskonstanten der zu den Salzen gehörigen Säuren angegeben. Da der Säuregrad des Weines durch die Verdünnung um 5 % eine geringe Veränderung erleidet, haben wir auf den Tabellen 51 und 52 zunächst diesen Einfluß festgestellt. Die Salzzusätze wurden so bemessen, daß ihre Konzentration in der Mischung einer 50-litrigen Lösung entsprach. Die Versuchsergebnisse können demnach direkt mit einander verglichen werden, da die Salze in gleichen molekularen Mengen zur Einwirkung gelangten.

Aus der Übersichtstabelle geht hervor, daß nur zwei Salze, das dichloressigsaure Natrium und das Chlornatrium, den Säuregrad des Weines nicht herabsetzen. Dieses Verhalten entspricht dem Umstande, daß im Wein keine Dichloressigsäure und auch Salzsäure nicht in nennenswerter Menge enthalten ist und daß außerdem diese Säuren sehr stark sind. Die Affinitätskonstante der Dichloressigsäure ist ungefähr 50 mal so groß, wie die der Weinsäure. Worauf die nicht unbeträchtliche Vermehrung des Säuregrades durch das Chlornatrium, welches direkt im Wein ohne Wasserzusatz gelöst wurde, zurückzuführen ist, läßt sich nicht mit Sicherheit sagen.

Daß auch das monochloressigsaure Natrium eine Verminderung der Wasserstoffionen-Konzentration bewirkt, obwohl die Monochloressigsäure nicht im Wein enthalten ist, beruht darauf, daß die Monochloressigsäure nur wenig stärker als die Weinsäure ist und daß ihr Dissoziationsgrad durch ihr Neutralsalz noch herabgesetzt wird. Infolgedessen vereinigen sich eine Anzahl der im Wein enthaltenen Wasserstoffionen mit der gleichen Zahl Monochloressigsäureionen zu nicht dissoziierter Monochloressigsäure, und der Säuregrad des Weines geht zurück.

Dasselbe ist auch beim salicylsauren Natrium der Fall, doch ist hier die Verminderung der Wasserstoffionen noch erheblicher, da die Salicylsäure schwächer ist als die Dichloressigsäure, und da infolgedessen auf Kosten des Säuregrades des Weines noch mehr Salicylsäuremolekeln gebildet werden.

Das essigsaure und milchsaure Natrium vermindern die Wasserstoffionen des Weines in gleicher Weise, trotzdem die Affinitätskonstante der Milchsäure ungefähr achtmal größer ist als die der Essigsäure. Die gleiche Herabsetzung des Säuregrades ist wahrscheinlich darauf zurückzuführen, daß im normalen Wein nur wenig Essigsäure vorkommt, und daß bei der durch das Natriumacetat verursachten Verminderung des Säuregrades weniger die Rückdrängung der im Wein befindlichen Essigsäure in Betracht kommt, als vielmehr die Bildung von Essigsäuremolekeln, da die Essigsäure viel schwächer ist als die Weinsäure. Bei der Wirkung des Salzes der Milchsäure, deren Affinitätskonstante etwa siebenmal geringer ist als diejenige der Weinsäure, tritt zu der Bildung nicht dissoziierter Milchsäuremolekeln noch die Rückdrängung der Dissoziation der im Wein befindlichen Milchsäure hinzu.

Die größte Verminderung der Wasserstoffionen im Wein wird durch das neutrale äpfelsaure Natrium und Kalium hervorgebracht. Da die Kalium- und Natriumsalze im allgemeinen gleich stark dissoziiert sind, üben beide Salze den gleichen Einfluß aus. Die sehr erhebliche Beeinflussung ist darauf zurückzuführen, daß die Wasserstoffionen-Konzentration in den Lösungen saurer Salze nur verhältnismäßig gering ist. Infolgedessen wird zunächst eine Anzahl Wasserstoffionen zur Bildung von sauren (primären) Äpfelsäureionen verbraucht, dann kommt es auch noch zur Bildung von nichtdissoziierten Äpfelsäuremolekeln und schließlich wird auch noch die Dissoziation der im Wein befindlichen Äpfelsäure durch das gebildete saure (primäre) Äpfelsäureion zurückgedrängt.

Die durch das neutrale weinsaure Kalium bewirkte Verminderung der Wasserstoffionen ist erheblich geringer als die durch das äpfelsaure Salz verursachte, da die Affinitätskonstante der Äpfelsäure ungefähr $2^{1}/_{2}$ mal geringer ist, als diejenige der Weinsäure. Auch in diesem Fall wird ein Teil der sekundären Weinsäureionen in der sauren Lösung in saure (primäre) Weinsäureionen übergeführt, welche ihrerseits wieder die Dissoziation der im Wein befindlichen Weinsäure zurückdrängen.

Es ist eine zunächst überraschende Erscheinung, daß der Säuregrad des Weines von 1,11 auf 0,90 Millimol vermindert wird, wenn wir die stark sauer reagierende Lösung des sauren weinsauren Natriums hinzufügen. Im Hinblick auf die obigen Darlegungen, wonach durch die sauren (primären) Weinsäureionen des Natriumbitartrates die Dissoziation dieser Säure zurückgedrängt wird, findet diese Erscheinung eine befriedigende Erklärung.

12. Einfluß des Zusatzes und des Abscheidens von Weinstein auf den Säuregrad des Weines.

Da durch das Vorhandensein von Weinstein im Wein und durch seine Abscheidung beim Lagern der Säuregrad des Weines in hohem Maße beeinflußt wird, haben wir uns mit diesem Stoffe, welcher für die Weinbereitung von großer Bedeutung ist, näher befaßt. Es lag der Gedanke nahe, aus Naturweinen, etwa durch Abkühlen, den Weinstein abzuscheiden und festzustellen, in wie weit hierdurch der Säuregrad beeinflußt wird. Daß eine Vermehrung des Säuregrades eintreten würde, war nach den Versuchen mit Natriumbitartrat vorauszusehen. (Vergl. Tabelle 59.)

Da von dem Geisenheimer Wein des Jahrganges 1902 zur Zeit der Anstellung der folgenden Versuche (November 1907) noch einige Flaschen und zwar die aus dem Faß zuletzt abgezogenen Anteile vorhanden waren, so wurde dieser etwas getrübte Wein zu diesen Versuchen benutzt. Es zeigte sich, daß der durch Titration ermittelte Säuregehalt 13 °/₀₀ betrug, während der Säuregrad einer Wasserstoffionen-Konzentration von 1,14 Millimol in 1 Liter entsprach. Die Einzelversuche dieses Abschnittes sind in den Tabellen 65 bis 68 und in Tabelle 69 übersichtlich zusammengestellt. Die Tabelle 69 enthält außerdem die Ergebnisse der chemischen Analyse des Weines.

Tabelle 65. **Inversionsgeschwindigkeit des Geisenheimer Weines (1902), letzter Abzug.**

Der Wein hatte seit der Abfüllung aus dem Faß im Jahre 1903 in Flaschen gelagert. Die zur Verwendung gelangende Probe stellte die letzten, etwas trüben Reste des Fasses dar. Der Wein war bei Anstellung des Versuchs 5 Jahre alt.

Datum	Tageszeit	Zeit ϑ in Minuten seit Beginn des Versuchs	Temperatur des Thermostaten °C.	Ablenkungswinkel (Grade der Kreisskala)	Relative Konzentration des Rohrzuckers in der Lösung	Inversionskonstante $k = \dfrac{\log C_0 - \log C_\vartheta}{0{,}4343 \cdot \vartheta}$
1	2	3	4	5	6	7
4. 11. 07	10^{40} V.	0	+76,6°	+6,66	8,92	—
	12^{15} N.	95	+76,7°	+3,46	5,72	0,00467
	$12^{50{,}2}$ „	130,2	+76,7°	+2,66	4,92	0,00457
	$1^{19{,}5}$ „	195,5	+76,7°	+2,06	4,32	0,00454
	1^{50} „	190	+76,7°	+1,54	3,80	0,00448

Berechnete Enddrehung: —2,26° Mittelwert: k = **0,00457**

Tabelle 66. **Inversionsgeschwindigkeit des Geisenheimer Weines (1902), letzter Abzug, nach längerem Abkühlen auf 0° C.**

Der Wein, der seit der Abfüllung im Jahre 1903 im Keller in Flaschen aufbewahrt worden war, wurde 68 Stunden in schmelzendem Eis gekühlt, filtriert und zu einem Inversionsversuch benutzt. Weinstein hatte sich während des Abkühlens nicht abgeschieden.

Datum	Tageszeit	Zeit ϑ in Minuten seit Beginn des Versuchs	Temperatur des Thermostaten °C.	Ablenkungswinkel (Grade der Kreisskala)	Relative Konzentration des Rohrzuckers in der Lösung	Inversionskonstante $k = \dfrac{\log C_0 - \log C_\vartheta}{0{,}4343 \cdot \vartheta}$
1	2	3	4	5	6	7
8. 11. 07	10^0 V.	0	+76,5°	+6,63	8,88	—
	11^{35} „	95	+76,5°	+3,54	5,79	0,00449
	$12^{9{,}5}$ N.	129,5	+76,5°	+2,68	4,93	0,00454
	12^{38} „	158	+76,5°	+2,05	4,30	0,00458
	$1^{7{,}8}$ „	187,8	+76,5°	+1,54	3,79	0,00453

Berechnete Enddrehung: —2,25° Mittelwert k = **0,00454**

Tabelle 67. Inversionsgeschwindigkeit des Geisenheimer Weins (1902), letzter Abzug, nach Zusatz von Weinstein.

Dem Geisenheimer Wein (1902), letzter Abzug, wurde soviel Weinstein (saures weinsaures Kalium) zugesetzt, daß der Wein in bezug auf Weinstein, abgesehen von dem ursprünglich in ihm enthaltenen, eine 50-litrige Weinsteinlösung darstellte. Der Weinstein löste sich sehr langsam; erst nach dem Erhitzen auf 40° und längerem Schütteln in der Schüttelmaschine trat vollständige Auflösung ein. Nach dem Filtrieren wurde der Wein zu einem Inversionsversuch benutzt.

Datum	Tageszeit	Zeit ϑ in Minuten seit Beginn des Versuchs	Temperatur des Thermostaten °C.	Ablenkungswinkel (Grade der Kreisskala)	Relative Konzentration des Rohrzuckers in der Lösung	Inversionskonstante $k = \dfrac{\log C_0 - \log C_\vartheta}{0{,}4343 \cdot \vartheta}$
1	2	3	4	5	6	7
25. 11. 07	2³⁷ N.	0	+76,2°	+6,62	8,87	—
	4⁶,⁹ „	89,9	+76,1°	+4,06	6,31	0,00379
	4³⁷,¹ „	120,1	+76,1°	+3,55	5,80	0,00379
	5⁵,⁰ „	148	+76,1°	+3,01	5,26	0,00375
	5³⁵,² „	178,2	+76,1°	+2,49	4,74	0,00372

Berechnete Enddrehung: −2,25°   Mittelwert k = **0,00376**

Tabelle 68. Inversionsgeschwindigkeit des Geisenheimer Weines (1902), letzter Abzug, nach Zusatz von Weinstein und Wiederabscheidung desselben durch Abkühlen.

Der mit Weinstein versetzte Geisenheimer Wein (1902, letzter Abzug), dessen Inversionskonstante bestimmt worden war (vergl. Tabelle 67), wurde 19 Stunden in schmelzendem Eis aufbewahrt und der sich hierbei abscheidende Weinstein abfiltriert. Danach wurde der Wein zu diesem Inversionsversuch benutzt.

Datum	Tageszeit	Zeit ϑ in Minuten seit Beginn des Versuchs	Temperatur des Thermostaten °C.	Ablenkungswinkel (Grade der Kreisskala)	Relative Konzentration des Rohrzuckers in der Lösung	Inversionskonstante $k = \dfrac{\log C_0 - \log C_\vartheta}{0{,}4343 \cdot \vartheta}$
1	2	3	4	5	6	7
27. 11. 07	11⁵⁵ V.	0	+76,1°	+6,66	8,92	—
	1³⁰,⁶ N.	95,6	+76,0°	+3,63	5,89	0,00434
	2⁰ „	125	+76,0°	+2,93	5,19	0,00433
	2³⁰,⁶ „	155,6	+76,0°	+2,26	4,52	0,00436
	2⁵⁸,⁸ „	183,8	+76,0°	+1,72	3,98	0,00438

Berechnete Enddrehung: −2,26°.   Mittelwert: k = **0,00435**

Der Säuregrad dieses getrübten Weines war somit niedriger, und der Säuregehalt höher als bei dem klaren im Jahre 1903 und 1905 (vergl. die Tabellen 23 und 24 auf Seite 46 unserer ersten und Tabelle 1 dieser Abhandlung) untersuchten Weine. Die entsprechenden Werte waren damals im Mittel: Säuregrad 1,27 Millimol, Säuregehalt 12,35 °/₀₀. Es wurde nun zunächst versucht, diesen Wein so stark abzukühlen, bis sich Weinstein ausscheiden würde. Zu diesem Zweck wurde der Wein während 68 Stunden in verschlossener Flasche in gestoßenes Eis gebracht. Durch diese Behandlung trat zwar eine Abscheidung ein, die jedoch bei

Tabelle 69. Säuregrad (Wasserstoffionen-Konzentration) des
Geisenheimer Weines (1902, letzter Abzug), nach dem Abkühlen, nach
Auflösung von Weinstein und nach dessen Wiederabscheidung.

Übersicht über die in den Tabellen 65—68 enthaltenen Versuche.

Nummer der Tabelle, in welcher der Versuch enthalten ist	Geisenheimer Wein (1902, letzter Abzug)	Mittelwert der Inversionskonstanten nach Reduktion auf $+76{,}0^\circ$	Zahl der Millimol Wasserstoffionen (H-Ionen), die in 1 Liter Wein enthalten sind	Titrimetrisch gefundener Säuregehalt, berechnet auf Gramm Weinsäure in 1 Liter	Extraktgehalt	Gehalt an Mineralbestandteilen
					g in 100 ccm	
1	2	3	4	5	6	7
65	unverändert	0,00 428	1,14	13,0	3,01	0,197
66	nach längerem Abkühlen auf 0°	0,00 434	1,15	13,1	3,01	0,201
67	nach dem Auflösen von Weinstein	0,00 373	0,99	1,45	3,36	0,341
68	nach Wiederabscheidung des gelösten Weinsteins	0,00 435	1,15	13,2	3,00	0,198

mikroskopischer Prüfung sich nicht als Weinsteinausscheidung charakterisierte. Die Bestimmung des Säuregrades, des Säuregehalts, sowie die des Extrakt- und Aschengehalts zeigte, daß der Wein kaum eine Änderung erlitten hatte, wie folgende Daten zeigen (vergl. Tabelle 69).

Geisenheimer Wein (1902, letzter Abzug).

	Vor der Abkühlung	Nach der Abkühlung
Inversionskonstante	0,00428	0,00434
Säuregrad	1,14 Millimol	1,15 Millimol
Säuregehalt	13,0 ⁰/₀₀	13,1 ⁰/₀₀
Extraktgehalt	3,01 g	3,01 g
Aschengehalt	0,197 g	0,201 g

Da somit durch Abkühlung eine Weinsteinabscheidung nicht zu erzielen war, wurde der Wein etwas mit Weinstein angereichert. Dies wurde in der Weise ausgeführt, daß fein gepulvertes saures weinsaures Kalium in den Wein gebracht und die Mischung nach dem Erhitzen auf 40° in der Schüttelmaschine so lange geschüttelt wurde, bis das sich nur schwierig auflösende Pulver vollständig gelöst war. Die zugesetzte Weinsteinmenge wurde so gewählt, daß der Wein in bezug auf zugesetzten Weinstein eine 50-litrige Lösung darstellte. Nach der Filtration wurde der klare Wein chemisch untersucht und der Säuregrad bestimmt. Wie vorauszusehen war, trat eine Erhöhung des tritrimetrisch ermittelten Säuregehaltes von 13,0 auf 14,5, also um 1,5 ⁰/₀₀, und eine Verminderung des Säuregrads von 1,14 auf 0,99, also um 0,15 Millimol, ein. Die Untersuchung ergab folgendes (vergl. Tabelle 69).

Geisenheimer Wein (1902, letzter Abzug).

	Vor der Auflösung von Weinstein	Nach Auflösung von Weinstein
Inversionskonstante	0,00428	0,00373
Säuregrad	1,14 Millimol	0,99 Millimol
Säuregehalt	13,0 ⁰/₀₀	14,5 ⁰/₀₀
Extraktgehalt	3,01 g	3,36 g
Aschengehalt	0,197 g	0,341 g

Nunmehr wurde der an Weinstein angereicherte Wein 19 Stunden lang in verschlossener Flasche in schmelzendem Eise aufbewahrt. Hierbei schied sich Weinstein aus. Dieser wurde abfiltriert und das Filtrat untersucht. Trotz Abscheidung eines sauren Bestandteils und trotz Herabsetzung des titrimetrisch ermittelten Säuregehalts von 14,5 auf 13,2 ⁰/₀₀ also um 9 %, erhöhte sich der Säuregrad, wie auf Grund theoretischer Überlegungen vorauszusehen war, von 0,99 auf 1,15 Millimol, also um 0,16 Millimol, das sind 16 %.

Die entsprechenden Werte sind nachstehend einander gegenübergestellt (vergl. Tabelle 69).

Geisenheimer Wein (1902, letzter Abzug).

	Nach Auflösung von Weinstein	Nach Wiederabscheidung desselben
Inversionskonstante	0,00373	0,00435
Säuregrad	0,99 Millimol	1,15 Millimol
Säuregehalt	14,5 ⁰/₀₀	13,2 ⁰/₀₀
Extraktgehalt	3,36 g	3,00 g
Aschengehalt	0,341 g	0,198 g

Nach Abscheidung des Weinsteins hatte der Wein fast dieselbe Zusammensetzung, wie vor dem Auflösen des Weinsteins, wie nachstehende Zusammenstellung lehrt (vergl. Tabelle 69).

Geisenheimer Wein (1902, letzter Abzug).

	Vor den Versuchen	Nach Auflösung des Weinsteins und Wiederabscheidung desselben
Inversionskonstante	0,00428	0,00435
Säuregrad	1,14 Millimol	1,15 Millimol
Säuregehalt	13,0 ⁰/₀₀	13,2 ⁰/₀₀
Extraktgehalt	3,01 g	3,00 g
Aschengehalt	0,197 g	0,198 g

Der Einfluß, welchen der Zusatz und die Wiederabscheidung des Weinsteins auf den Säuregrad einerseits, und auf den Säuregehalt, den Extraktgehalt und den Gehalt an Mineralbestandteilen anderseits ausüben, wird durch die graphische Darstellung in Figur 5 (s. die Tafel) sehr anschaulich gemacht.

13. Der Einfluß eines Zusatzes von Salzsäure auf den Säuregrad des Weines.

Da im Wein ein Gemisch von organischen Salzen und Säuren enthalten ist, und da die stärkste dieser Säuren, die Weinsäure, in 16-litriger wässeriger Lösung erst zu 11,7% und in 32-litriger Lösung zu 16,2% dissoziiert ist, so kann ein Zusatz von Salzsäure zum Weine innerhalb gewisser Grenzen nur eine verhältnismäßig geringe Erhöhung des Säuregrades bewirken. Es werden vielmehr die Wasserstoffionen der Salzsäure die Dissoziation der freien organischen Säuren zurückdrängen und der größere Teil der ersteren wird mit den Säureionen zu nichtdissoziierten Säuremolekeln zusammentreten. Zur Prüfung dieser theoretischen Überlegungen haben wir zu den Wein-Wassergemischen, deren Säuregrad wir schon früher bestimmt hatten, Salzsäure gesetzt und den Säuregrad dieses Gemisches von neuem bestimmt. Die Ergebnisse dieser Versuche sind in den Tabellen 70 bis 73 verzeichnet und in der Tabelle 74 übersichtlich zusammengestellt.

Tabelle 70. Inversionsgeschwindigkeit eines Gemisches von Wein und wässeriger Salzsäure.

Das Gemisch enthielt 20% Wein und 80% Wasser und war in bezug auf HCl 99,49-litrig.

Datum	Tageszeit	Zeit ϑ in Minuten seit Beginn des Versuchs	Temperatur des Thermostaten °C.	Ablenkungswinkel (Grade der Zuckerskala)	Relative Konzentration des Rohrzuckers in der Lösung	Inversionskonstante $k = \dfrac{\log C_0 - \log C_\vartheta}{0,4343 \cdot \vartheta}$
1	2	3	4	5	6	7
7. 4. 04	12^{38,5} N.	0	+75,2°	+19,36	25,94	—
	1^{5,8} „	27,3	+75,2°	+11,06	17,64	0,0141
	1^{35,3} „	56,8	+75,2°	+ 4,18	10,76	0,0155
	2^{6,5} „	88,1	+75,2°	+ 0,43	7,01	0,0148
	2^{37,7} „	119,2	+75,2°	− 2,18	4,40	0,0149

Berechnete Enddrehung: −6,58°.   Mittelwert: k = **0,0148**

Tabelle 71. Inversionsgeschwindigkeit eines Gemisches von Wein und wässeriger Salzsäure.

Das Gemisch enthielt 50% Wein und 50% Wasser und war in bezug auf HCl 99,49-litrig.

Datum	Tageszeit	Zeit ϑ in Minuten seit Beginn des Versuchs	Temperatur des Thermostaten °C.	Ablenkungswinkel (Grade der Zuckerskala)	Relative Konzentration des Rohrzuckers in der Lösung	Inversionskonstante $k = \dfrac{\log C_0 - \log C_\vartheta}{0,4343 \cdot \vartheta}$
1	2	3	4	5	6	7
27. 3. 04	12^7 N.	0	+76,2 °	+19,33	25,90	—
	12^{36,7} „	29,7	+76,25°	+13,58	20,15	0,00 845
	12^{54,9} „	47,9	+76,2 °	+10,51	17,08	0,00 869
	1^{14,7} „	67,7	+76,2 °	+ 7,50	14,07	0,00 901
	1^{39,5} „	92,5	+76,2 °	+ 4,52	11,09	0,00 916
	2^{10,2} „	123,2	+76,2 °	+ 1,48	8,05	0,00 948

Berechnete Enddrehung: −6,57°.   Mittelwert: k = **0,00 896**

Tabelle 72. Inversionsgeschwindigkeit eines Gemisches von Wein und wässeriger Salzsäure.

Das Gemisch enthielt 80% Wein und 20% Wasser und war in bezug auf HCl 99,49-litrig.

Datum	Tageszeit	Zeit ϑ in Minuten seit Beginn des Versuchs	Temperatur des Thermostaten °C.	Ablenkungswinkel (Grade der Zuckerskala)	Relative Konzentration des Rohrzuckers in der Lösung	Inversionskonstante $k = \dfrac{\log C_0 - \log C_\vartheta}{0{,}4343 \cdot \vartheta}$
1	2	3	4	5	6	7
31. 3. 04	12^{5} N.	0	$+75{,}4°$	$+19{,}19$	25,71	—
	$12^{30,7}$ „	25,7	$+75{,}4°$	$+15{,}29$	21,81	0,00 640
	12^{53} „	48	$+75{,}4°$	$+12{,}13$	18,65	0,00 668
	$1^{27,3}$ „	82,3	$+75{,}4°$	$+8{,}02$	14,54	0,00 692
	$2^{22,1}$ „	137,1	$+75{,}5°$	$+3{,}27$	9,79	0,00 704

Berechnete Enddrehung: $-6{,}52°$.   Mittelwert: k = **0,00 676**

Tabelle 73. Inversionsgeschwindigkeit eines Gemisches von Wein und wässeriger Salzsäure.

Das Gemisch enthielt 80% Wein und 20% Wasser und war in bezug auf HCl 99,49 litrig.

Datum	Tageszeit	Zeit ϑ in Minuten seit Beginn des Versuchs	Temperatur des Thermostaten °C.	Ablenkungswinkel (Grade der Zuckerskala)	Relative Konzentration des Rohrzuckers in der Lösung	Inversionskonstante $k = \dfrac{\log C_0 - \log C_\vartheta}{0{,}4343 \cdot \vartheta}$
1	2	3	4	5	6	7
5. 4. 04	$1^{15,8}$ N.	0	$+75{,}7°$	$+19{,}36$	25,94	—
	$1^{58,9}$ „	43,1	$+75{,}55°$	$+13{,}09$	19,67	0,00 641
	$2^{29,9}$ „	74,1	$+75{,}6°$	$+9{,}03$	15,61	0,00 685
	3^{12} „	116,2	$+75{,}6°$	$+5{,}26$	11,84	0,00 674

Berechnete Enddrehung: $-6{,}58°$.   Mittelwert: k = **0,00 667**

Die Konzentration des Chlorwasserstoffs entsprach in allen Versuchen einer 99,49-litrigen $= \dfrac{1}{99{,}49}$-normalen Salzsäure. Der Gehalt einer so verdünnten Salzsäure an Wasserstoffionen beträgt ungefähr 9,6 Millimol in 1 Liter.

Betrachten wir zunächst die Versuche der Tabellen 72 und 73. In 1 Liter des mit Salzsäure versetzten Wein-Wassergemisches, dessen Gehalt an Wein 80% beträgt, sind nur etwas über 1,8 Millimol Wasserstoffionen enthalten, gegenüber den 9,6 Millimol in der rein wässerigen Salzsäure. Es findet also keineswegs eine Addition der Wasserstoffionen der Salzsäure zu denen des Weines statt, sondern im Gegenteil eine Verminderung auf den fünften Teil, wie es die Theorie erfordert. Auch noch bei dem mit 50% und 80% Wasser verdünnten Weine findet eine sehr erhebliche Verminderung der Wasserstoffionen der Salzsäure statt, wie aus den Versuchen der Tabellen 71 und 70 hervorgeht.

Tabelle 74. Säuregrad (Wasserstoffionen-Konzentration) von Wein-Wassergemischen und Wein-Salzsäuregemischen.

Übersicht über die in den Tabellen 70 bis 73 enthaltenen Versuche.

Nummer der Tabelle, in welcher der Versuch enthalten ist	Zusammensetzung der Wein-Wasser- und Wein-Salzsäuregemische			Mittelwert der Inversionskonstanten nach Reduktion auf $+76{,}0°$	Zahl der Millimol Wasserstoffionen (H-Ionen), welche in 1 Liter des Gemisches enthalten sind
	Gehalt an Wein in Prozenten	Gehalt an Wasser in Prozenten	Zahl der Liter, in denen ein Mol = ein Gramm-Molekulargewicht HCl enthalten ist		
1	2	3	4	5	6
A. Wein-Wassergemische.					
35	20	80	—	0,00 383	0,98
31	50	50	—	0,00 460	1,19
32	50	50	—	0,00 456	1,18
28	80	20	—	0,00 455	1,20
25	100	0	—	0,00 476	1,27
B. Wein-Salzsäuregemische.					
—	0	100	99,49	—	9,6[1])
70	20	80	99,49	0,01 59	4,06
71	50	50	99,49	0,00 880	2,28
72	80	20	99,49	0,00 712	1,87
73	80	20	99,49	0,00 691	1,82

Schlußsätze.

1. Die Untersuchung von 79 deutschen Weißweinen ergab, daß der Säuregrad und Säuregehalt nicht parallel zu einander verlaufen, und daß der durch Titration ermittelte Gehalt an freier Säure keinen zuverlässigen Maßstab für den Säuregrad des Weines bildet.

2. Der Vergleich des Säuregrades von 52 deutschen Weißweinen mit deren Gehalt an Alkohol, Extrakt und Mineralbestandteilen ergab, daß nur zwischen dem Säuregrad und dem Gehalt an Mineralbestandteilen insofern ein sichtbarer Zusammenhang besteht, als die Weine mit höherem Säuregrade durchschnittlich einen geringeren Gehalt an Mineralbestandteilen aufweisen. Doch kommen gelegentlich auch größere Abweichungen vor.

3. Der Vergleich des Säuregrades von 5 deutschen Weißweinen zur Zeit der 6 ersten Abstiche mit deren Gehalt an Alkohol, Extrakt und Mineralbestandteilen ließ ins Auge fallende Beziehungen nicht erkennen.

4. Beim Verdünnen eines Weines mit Wasser nimmt der Säuregrad nicht entsprechend der Verdünnung ab. Bei einem von uns untersuchten Weine nahm der Säuregrad bis zur Verdünnung auf die Hälfte nur ganz

---

[1]) Dieser Wert wurde auf Grund der elektrischen Leitfähigkeitsversuche von F. Kohlrausch berechnet. Vergl. F. Kohlrausch und L. Holborn, Das Leitvermögen der Elektrolyte. Leipzig 1898, Seite 160.

unbedeutend, von 1,27 auf 1,19 ab, und bei dem mit der neunfachen Menge Wasser verdünnten Weine betrug der Säuregrad noch $^2/_3$ des Säuregrades vor der Verdünnung. Bei zwei anderen willkürlich ausgewählten Weinen zeigte der Säuregrad nach der Verdünnung mit dem gleichen Raumteil Wasser nicht nur keine Abnahme, sondern sogar eine, wenn auch sehr geringe Vermehrung.

5. Die unverhältnismäßig geringe Abnahme des Säuregrades der Weine bei der Verdünnung mit Wasser läßt sich mit Hilfe der Lehre von der Rückdrängung der Dissoziation der Säuren durch gleichionige Salze einwandfrei erklären. Es läßt sich sogar die Zusammensetzung von Gemischen organischer Säuren und Salze berechnen, deren Lösungen beim Verdünnen mit Wasser tatsächlich ein ähnliches Verhalten zeigen, wie der Wein.

6. Die Verminderung des Säuregrades des Weines, welche durch den Zusatz verschiedener organischer Salze bewirkt wird, entspricht dem Verhalten, welches nach den Theorien der Lösungen ein Gemisch der im Weine vorkommenden organischen Säuren und Salze in rein wässeriger Lösung zeigen würde.

7. Die Auflösung von Weinstein im Wein bewirkt, trotzdem ein sauer reagierender Stoff hinzukommt, eine Verminderung des Säuregrades des Weines. Der durch Titration ermittelte Gehalt an freier Säure nimmt dagegen zu.

Das Abscheiden des Weinsteins aus dem Wein vermehrt dessen Säuregrad und vermindert den Gehalt an freier Säure.

Diese Erscheinungen werden bedingt durch die Rückdrängung der Dissoziation der Weinsäure durch den gleichionigen Weinstein.

8. Ein Zusatz von Salzsäure zum Wein bewirkt nur eine verhältnismäßig geringe Zunahme des Säuregrades, wie es von der Theorie erfordert wird.

Auch bei diesen Untersuchungen wurden wir vom ständigen Mitarbeiter Herrn Dr. Borries auf das beste unterstützt, wofür wir ihm unseren verbindlichsten Dank aussprechen.

München und Berlin im August 1908.

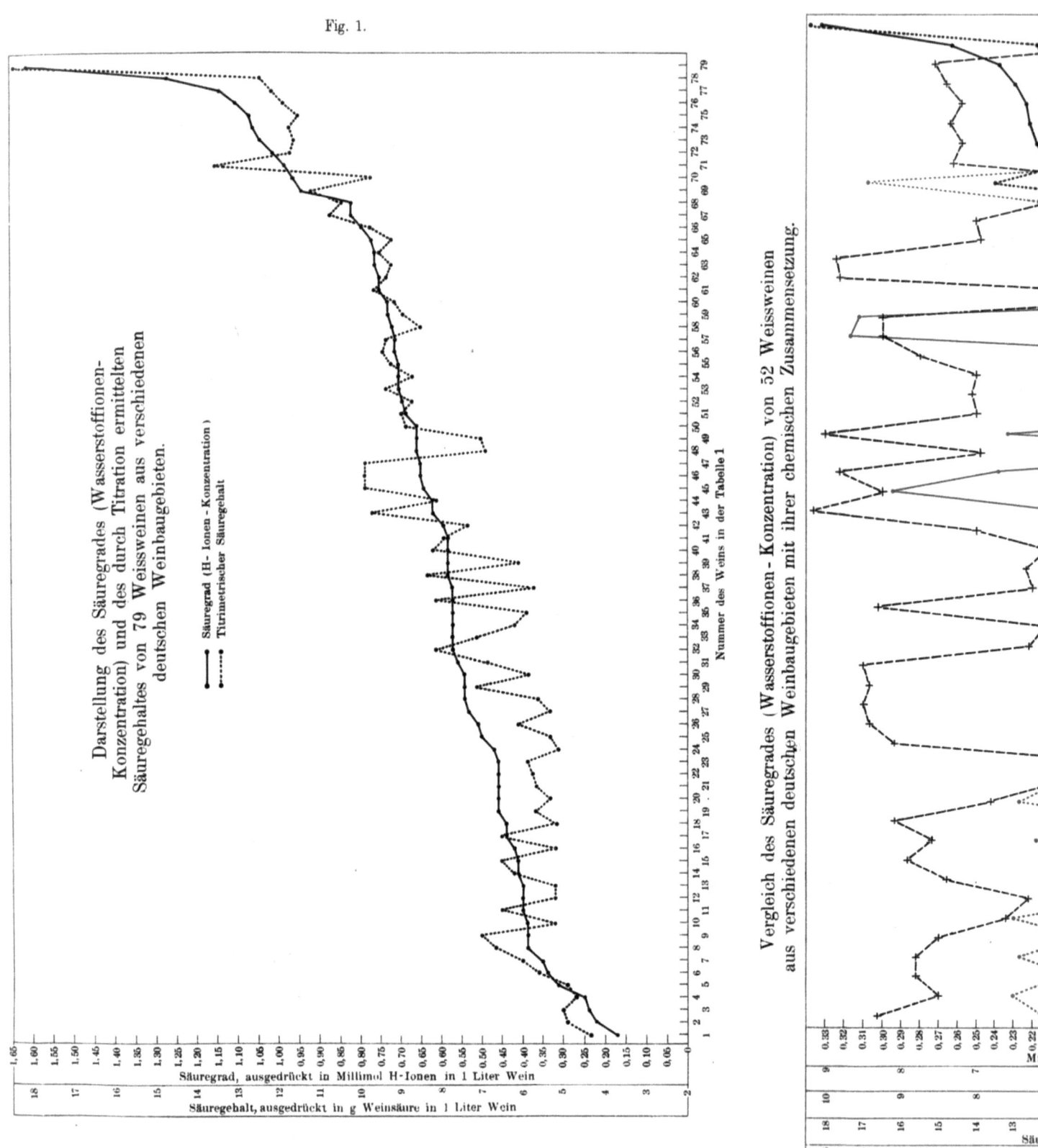

Fig. 1.

Darstellung des Säuregrades (Wasserstoffionen-Konzentration) und des durch Titration ermittelten Säuregehaltes von 79 Weissweinen aus verschiedenen deutschen Weinbaugebieten.

Vergleich des Säuregrades (Wasserstoffionen-Konzentration) von 52 Weissweinen aus verschiedenen deutschen Weinbaugebieten mit ihrer chemischen Zusammensetzung.

Verlag von Julius Springer in Berlin.

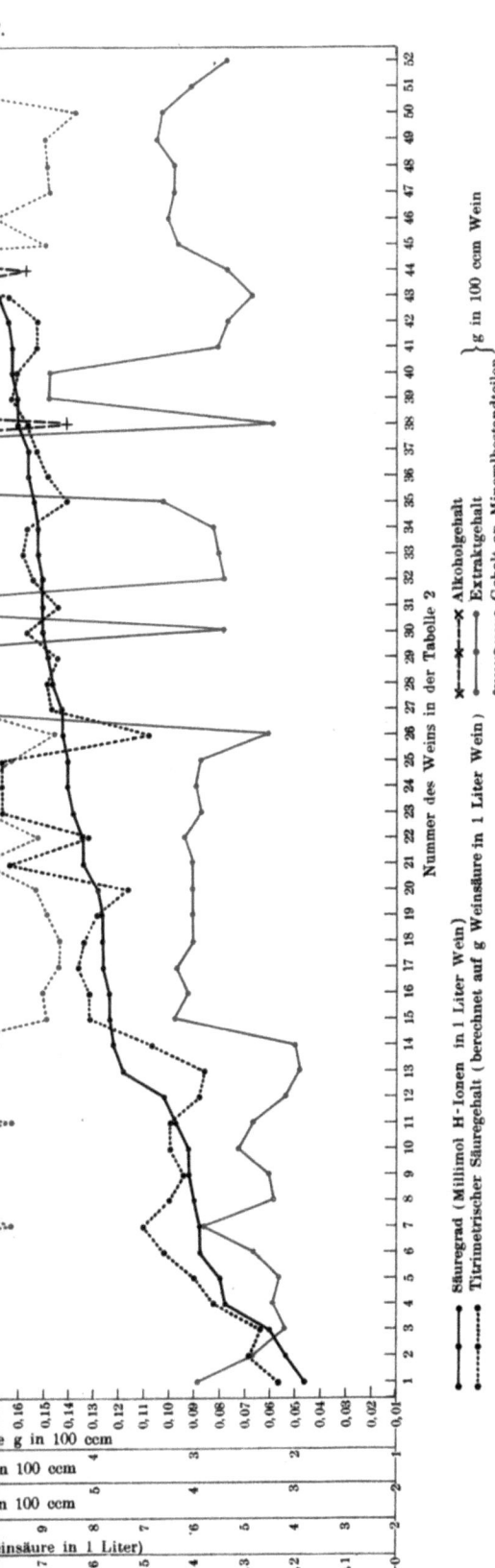

Fig. 3.
Vergleich des Säuregrades (Wasserstoffionen-Konzentration) von Wein mit ihrer chemischen Zusammensetzung zu verschiedenen Zeitpunkten ihrer Entwickelung.

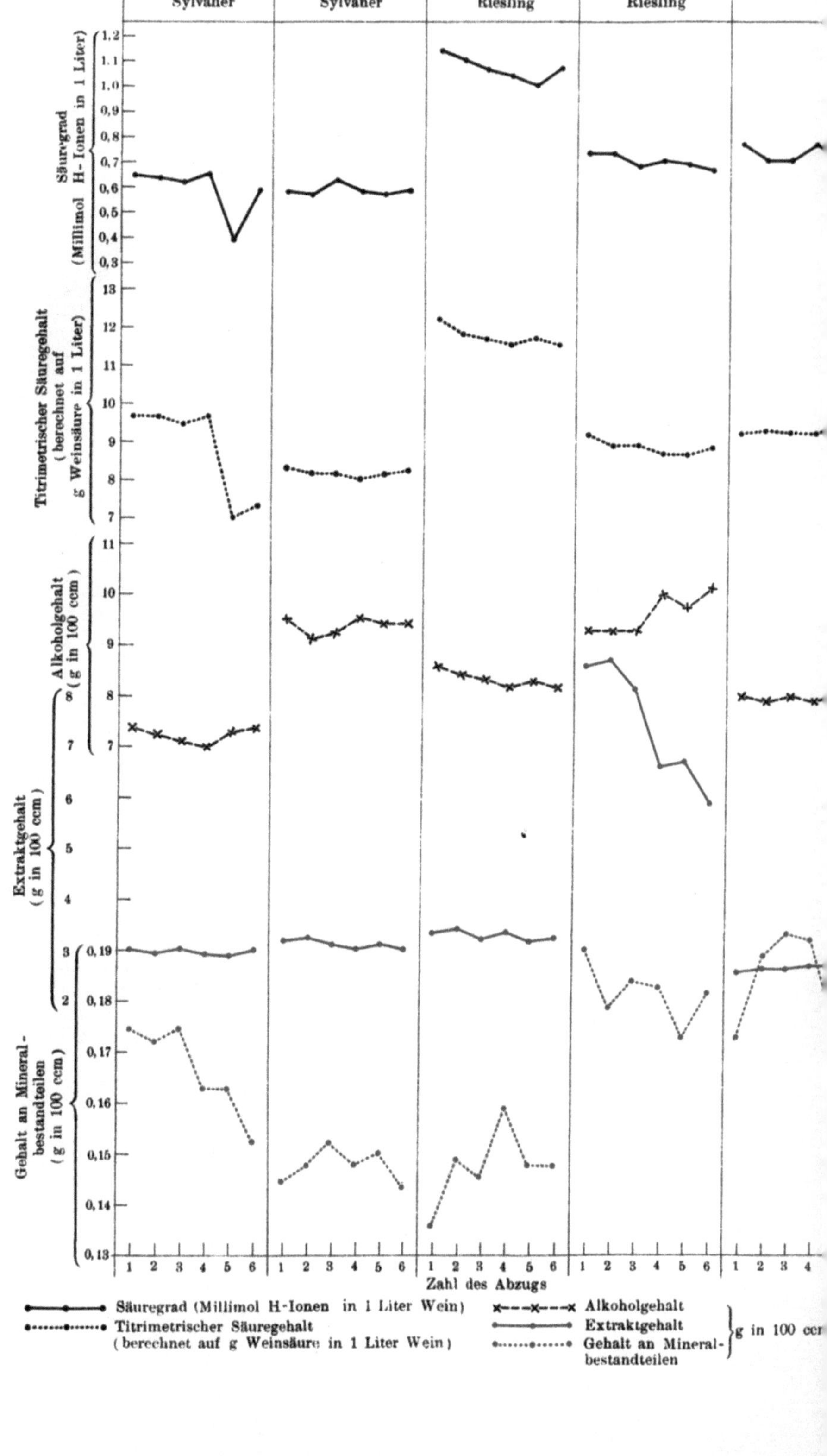

Tafel I.

Fig. 4.
Die unverhältnismässig geringe Abnahme des Säuregrades (H-Ionen-Konzentration) des Weines bei der Verdünnung mit Wasser.

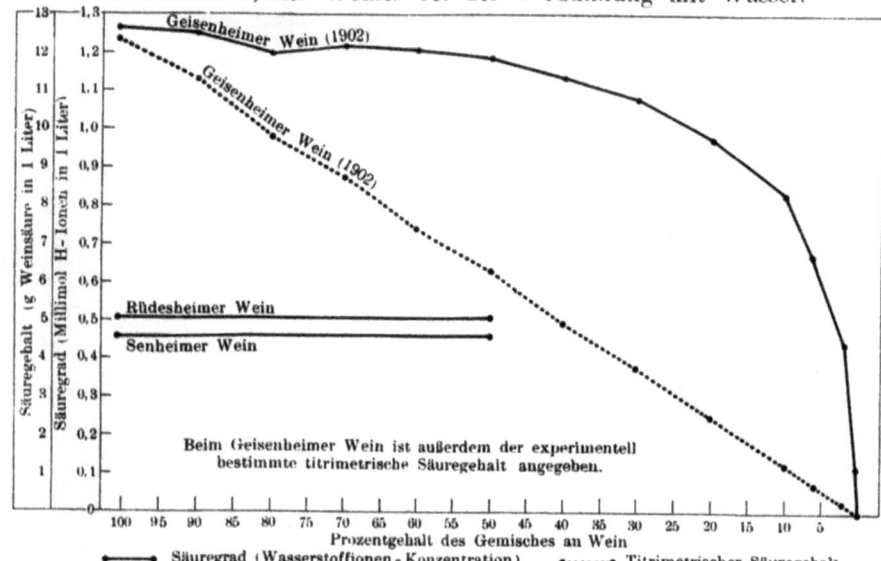

—•— Säuregrad (Wasserstoffionen-Konzentration)   •······• Titrimetrischer Säuregehalt

Fig. 5.
Vergleich des Säuregrades (Wasserstoffionen-Konzentration) von Geisenheimer Wein (1902, letzter Abzug) nach dem Abkühlen, nach dem Auflösen von Weinstein und nach dessen Wiederabscheidung mit der chemischen Zusammensetzung.

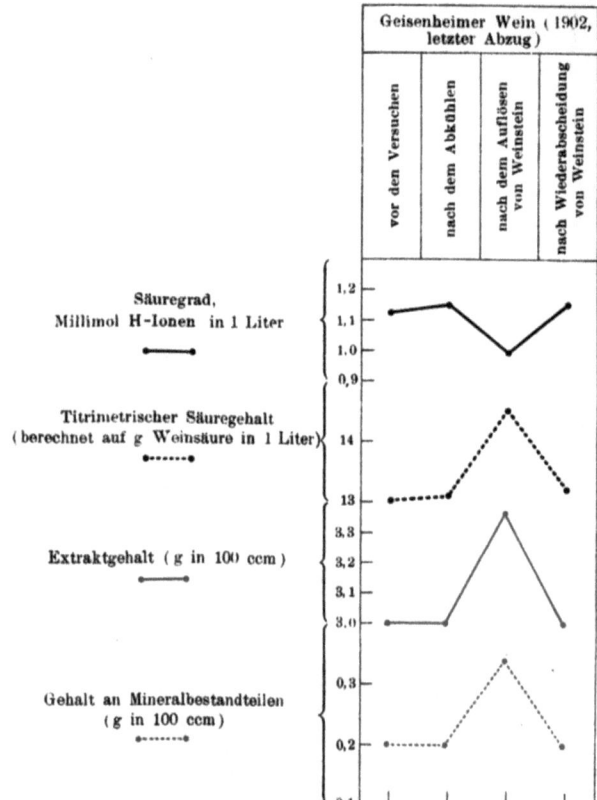

Techn.-art. Anstalt von Alfred Müller in Leipzig.

MIX
Papier aus verantwortungsvollen Quellen
Paper from responsible sources
FSC® C105338

If you have any concerns about our products, you can contact us on
ProductSafety@springernature.com

In case Publisher is established outside the EU, the EU authorized representative is:
Springer Nature Customer Service Center GmbH
Europaplatz 3, 69115 Heidelberg, Germany

Printed by Libri Plureos GmbH
in Hamburg, Germany